普 通 高 等 教 育 规 划 教 材

蔡丽朋　董迎娜　主编

砌体结构

U0228360

化学工业出版社

·北 京·

内容提要

本书是根据土木工程专业的培养目标和教学要求，结合我国近年来砌体结构和墙体材料的新发展，以适应土木工程专业应用型人才培养需求而编写的。本书采用现行《建筑结构可靠性设计统一标准》（GB 50068—2018）、《砌体结构设计规范》（GB 50003—2011）等规范编写，主要内容包括：砌体材料及力学性能，无筋砌体构件承载力计算，配筋砌体构件承载力计算，混合结构房屋墙、柱设计，过梁、圈梁、墙梁及挑梁设计等。本书有翔实的工程设计计算实例，每章后附有本章小结、思考题或习题，便于学习者复习和巩固本章的内容，也可供教学参考。

本书可用作高等院校土木工程及土建类相关专业的教材，也可供土木工程设计、施工和科研人员参考使用。

图书在版编目（CIP）数据

砌体结构/蔡丽朋，董迎娜主编. —北京：化学工业出版社，2020.7

普通高等教育规划教材

ISBN 978-7-122-36367-1

Ⅰ.①砌…　Ⅱ.①蔡…②董…　Ⅲ.①砌体结构-高等学校-教材　Ⅳ.①TU36

中国版本图书馆 CIP 数据核字（2020）第 035246 号

责任编辑：王文峡　　　　　　　　　　　　文字编辑：林　丹　师明远
责任校对：杜杏然　　　　　　　　　　　　装帧设计：史利平

出版发行：化学工业出版社（北京市东城区青年湖南街 13 号　邮政编码 100011）
印　　装：三河市延风印装有限公司
787mm×1092mm　1/16　印张 10　字数 216 千字　2020 年 8 月北京第 1 版第 1 次印刷

购书咨询：010-64518888　　　　　　　　售后服务：010-64518899
网　　址：http://www.cip.com.cn
凡购买本书，如有缺损质量问题，本社销售中心负责调换。

定　　价：32.00 元　　　　　　　　　　　　　　　　版权所有　违者必究

前　言

为适应高等教育土木工程专业应用型人才培养需要，本书根据《建筑结构可靠性设计统一标准》（GB 50068—2018）、《砌体结构设计规范》（GB 50003—2011）等规范编写而成。本书主要内容包括：砌体材料及力学性能，无筋砌体构件承载力计算，配筋砌体构件承载力计算，混合结构房屋墙、柱设计，过梁、圈梁、墙梁及挑梁设计等。

本书由一批长期在教学一线并具有多年丰富教学经验和工程实践经验的教师编写，内容简明扼要，理论讲述以必需、够用为原则，强调应用型人才的培养，突出实用性。编写时图文并茂，结合工程实践对专业理论进行阐述，有翔实的工程设计计算实例，以利于学习和学以致用。每章后附有本章小结、思考题或习题，便于学习者复习和巩固本章的内容，也可供教学参考。

本书由蔡丽朋、董迎娜担任主编，具体编写分工如下：洛阳理工学院蔡丽朋编写第 1、2、4章，洛阳理工学院董迎娜编写第 3、5 章，洛阳理工学院马云玲编写第 6 章。洛阳城市建设勘察设计院有限公司肖亮群、周一航为本书编写提供了大量资料和良好的建议，在此表示衷心感谢！

由于编者水平有限，时间仓促，对新颁布的规范学习理解尚不够深入，书中若有疏漏和不妥之处，恳请广大读者批评指正。

编者

2019 年 11 月

目 录

第 3 章

31

无筋砌体构件承载力计算

第 **4** 章

配筋砌体构件承载力计算

第 **5** 章

混合结构房屋墙、柱设计

第 6 章

过梁、圈梁、墙梁及挑梁

第**1**章

绪论

✍ 导论

　　本章叙述了砌体结构的基本概念及砌体结构在国内外的发展概况，介绍了砌体结构的优缺点及其应用范围，结合我国实际情况讨论了砌体结构的发展方向及学习砌体结构应注意的问题。

1.1 砌体结构的发展概况

1.1.1 砌体结构的基本概念

　　砌体结构是指用块材（砖、砌块或石材等）和砂浆砌筑而成的结构。砌体按照所采用的块材不同，可分为砖砌体、石砌体和砌块砌体三大类。由于过去大量应用的是砖砌体和石砌体，所以砌体结构习惯上又称为砖石结构。

1.1.2 砌体结构在我国的发展历史

　　砌体结构在我国有着悠久的历史，并取得了光辉的成就。我国在 4500～6000 年前新石器时代末期已有地面木架建筑和木骨泥墙建筑，在公元前 20 世纪夏代时则发现有夯土的城墙。公元前 1783—前 1122 年商代以后，开始用黏土做成版筑（也作板筑）墙。自公元前 1388—前 1122 年殷商以后逐渐改用日光晒干的黏土砖土坯来砌筑墙，到西周时期已有烧制的瓦，战国时期已有烧制的大尺寸空心砖。六朝时，实心砖的使用已很普遍。石料在我国的应用是多方面的，我们的祖先曾用石料刻成各种建筑装饰用的浮雕，用石料建造台基和制作栏杆，也采用石料砌造建筑物，早期建筑物中门窗洞口上的结构通常用整块的大石块跨过。

　　我国古代的砌体结构主要为城墙、佛殿、佛塔、砖砌穹拱以及石拱桥等。驰名中外的万里长城（图 1-1），原为春秋战国时期各国诸侯为了防御，在形势险要处修建的城墙，秦始皇统一六国后于公元前 214 年将原秦、赵、燕三国北边的长城予以修缮、连贯为一。西安的大雁塔（图 1-2），又名"慈恩寺塔"，是现存最早、规模最大的唐代四方楼阁式砖塔。唐永徽三年（652 年），玄奘为保存由天竺经丝绸之路带回长安的经卷、佛像，主持修建了大雁塔，最初 5 层，后加盖至 9 层，再后层数和高度又有数次变更，最后固定为现在所看到的 7 层塔身，通高 64.52m，底层边长 25.5m。西安小雁塔（图 1-3）与大雁塔同为唐长安城保留至今的重要标志。小雁塔是中国早期方形密檐式砖塔的典型作品，原有 15 层，现存 13

层，高 43.4m，小雁塔和荐福寺钟楼内的古钟合称为"关中八景"之一的"雁塔晨钟"。南京灵谷寺的无梁殿（图 1-4），是中国历史最悠久、规模最大的砖砌拱券结构殿宇，始建于明洪武十四年（1381 年），原为灵谷寺内供奉无量寿佛的宫殿，因整座建筑采用砖砌拱券结构，不设木梁，故又称"无梁殿"。河北赵县的安济桥（图 1-5），又名赵州桥，净跨 37.02m，宽约 9m，为单拱敞肩式石拱桥，该桥为世界上最早的敞肩石拱桥。赵州桥拱上开洞，既可节约石材，又可减轻洪水压力，故它在材料使用、结构受力、艺术造型上，都达到了很高的成就，1991 年赵州桥被美国土木工程师学会（ASCE）选为第 12 个国际历史上土木工程的里程碑。四川成都的都江堰（图 1-6），位于四川省都江堰市城西，坐落在成都平原西部的岷江，始建于秦昭襄王末年（约公元前 251 年），是蜀郡太守李冰父子组织修建的大型水利工程，由分水鱼嘴、飞沙堰、宝瓶口等部分组成，两千多年来一直发挥着防洪灌溉的作用，是全世界迄今为止年代最久、唯一留存、仍在一直使用、以无坝引水为特征的宏大水利工程，是凝聚中国古代劳动人民勤劳、勇敢、智慧的结晶。

图 1-1　万里长城

图 1-2　西安大雁塔

图 1-3　西安小雁塔

图 1-4　南京无梁殿

图 1-5 河北赵县安济桥

图 1-6 四川成都都江堰

19 世纪以来，我国采用黏土砖砌体作为多层房屋的承重墙体，但是由于长期的封建制度和半封建、半殖民地制度的束缚，我国砌体结构的发展相当缓慢。水泥发明后，有了强度较高的砂浆，促进了砌体结构的进一步发展。19 世纪中期至新中国成立前大致 100 年的时期内，我国广泛采用黏土砖来砌筑承重墙体。这一阶段对砌体结构的设计系按容许应力粗略进行估算，而对静力分析则缺乏较准确的理论依据。

中华人民共和国成立以来，空心砖、硅酸盐块材、混凝土砌块等各种新材料都有了较大的发展，加上新技术的不断使用，使砌体结构有了迅速的发展，砌体结构的应用范围也不断扩大，砌体结构成为重要的工程结构形式之一。在计算理论方面，逐步建立了具有我国特色的砌体结构设计计算理论。根据大量试验和调查研究资料，我国提出砌体各种强度计算公式、偏心受压构件统一的计算公式和考虑风荷载作用下房屋空间工作的计算方法等。1973年制定了适合我国情况并反映当时国际先进水平的《砖石结构设计规范》（GBJ 3—73）；1988 年经过修订，颁布了《砌体结构设计规范》（GBJ 3—88）；在 2001 年更新颁布了《砌体结构设计规范》（GB 50003—2001）；2011 年，我国已建立起比较完整的砌体结构设计的理论体系和应用体系，更新颁布了《砌体结构设计规范》（GB 50003—2011），一直沿用至今。

1.1.3 砌体结构在国外的发展历史

在世界上许多文明古国里，应用砌体结构的历史也相当久远。各时期的主要代表建筑有埃及金字塔、罗马斗兽场、帕特农神庙、万神庙等。埃及金字塔（图 1-7）中规模最大的是约公元前 3000 年建造的胡夫金字塔，高 146.5m，底长 230m，共用 230 万块平均每块重2.5t 的石块砌成，占地 52000m²，石块之间没有任何黏着物，靠石块的相互叠压和咬合垒成。帕特农神庙（图 1-8），建于公元前 447—前 432 年，呈长方形，庙内有前殿、正殿和后殿。神庙基座占地面积达 23000ft²（1ft² = 0.0929m²），有半个足球场那么大，46 根高达34ft（1ft = 0.3048m）的大理石柱撑起了神庙。罗马斗兽场（图 1-9），建于公元 70—82 年，是古罗马文明的象征。从外观上看，它呈正圆形；俯瞰时，它是椭圆形。它的占地面积约 2万米²，长轴长约为 188m，短轴长约为 156m，圆周长约 527m，围墙高约 57m，可以容纳近九万人数的观众。万神庙（图 1-10），始建于公元前 27 年，后遭毁，约公元 118 年重建，位于意大利首都罗马圆形广场的北部，是罗马最古老的建筑之一，也是古罗马建筑的代表作，上覆直径 43m 的半球形穹隆顶，是罗马穹顶技术的最高代表。

图 1-7　埃及金字塔

图 1-8　帕特农神庙

图 1-9　罗马斗兽场

图 1-10　万神庙

19 世纪以来，欧美各国建造了各种类型的砌体结构房屋，例如，1891 年美国芝加哥建造的 15 层大楼；1953 年莫斯科建造的 16 层住宅；1958 年，瑞士用空心砖在苏黎世建造了 19 层塔式住宅；20 世纪 70 年代，英国建造了 28 层石结构高层建筑；1990 年在美国拉斯维加斯落成的 28 层的爱斯凯利堡旅馆，采用配筋砌体结构，是目前最高的配筋砌体建筑。

20 世纪 60 年代以来欧洲许多国家加强了对砌体的研究和生产，在砌体结构理论、计算方法以及应用上取得了许多成果，推动了砌体结构的发展。发达国家已完成了从实心黏土砖向各种砌块、轻板、高效多功能墙材的转变，形成以新型墙体材料为主、传统墙体材料为辅的产品结构，走向了现代化、产业化和绿色化的发展道路。

1.2　砌体结构的优缺点及应用

1.2.1　砌体结构的优缺点

1.2.1.1　砌体结构的主要优点

① 原材料来源广泛，易于就地取材。天然石材、砂、黏土等一般均可就地取材，价格

也较水泥、钢材便宜。此外，可利用煤粉灰、煤矸石等工业废料制造砖或砌块，不仅可降低造价，也有利于保护环境。

② 节约钢材和水泥，施工操作简单，可连续施工。砌体结构较钢筋混凝土结构节约钢材和水泥，砌体砌筑时不需要模板及特殊的技术设备，新砌筑的砌体上可以承受一定的荷载，因而可以连续施工。

③ 具有良好的耐火性和耐久性。

④ 具有良好的保温、隔热、隔声性能，节能效果显著。

⑤ 采用砌块或大型板材做墙体时，可减轻结构自重，加快施工速度，进行工业化生产和施工。

1.2.1.2　砌体结构的主要缺点

（1）砌体结构的自重大

一般砌体结构强度较低，所需的截面尺寸较大，材料用量较多，自重大。因此，应加强轻质高强砌体材料的研究，以减小构件截面尺寸，减轻结构自重。

（2）砌筑工作繁重

目前砌体基本采用手工方式砌筑，劳动量大，生产效率低，施工质量不易保证。因此，有必要推广砌块、墙板等工业化施工方法，逐步克服这一缺点。

（3）砌体结构抗拉、抗弯及抗剪强度低，抗震性能较差

砂浆和块体间的黏结力较弱，因此，无筋砌体的抗拉、抗弯及抗剪强度很低，结构延性差，抗震性能较差。所以，应研制和推广高黏结性砂浆，必要时采用配筋砌体，并加强抗震的构造措施。

（4）砖砌结构的黏土砖用量很大，多会占用农田，影响农田生产

因此，必须大力发展蒸压灰砂砖、蒸压粉煤灰砖、混凝土砌块、混凝土多孔砖等新型墙体材料，作为黏土砖的替代产品。

1.2.2　砌体结构的应用

砌体结构具有很多优点，使砌体结构在一定的适用范围内具有优于其他结构的经济效益和良好的使用性能，在各类建筑与构筑物中得到广泛的应用，但是砌体结构存在的缺点也限制了它的应用范围。砌体与混凝土材料一样，抗压强度较高，而抗拉强度很低，因而砌体适用于承受轴心或偏心压力的构件，一般不宜用作受拉和受弯构件。

目前，砌体结构广泛用于下列工程。

① 民用建筑：基础、墙体、柱、过梁、地沟等。

② 工业建筑：厂房和仓库的墙体、柱、料斗、筒仓等。

③ 交通水利：桥梁、隧道和地下渠道、挡土墙、堤坝、渡槽等。

④ 构筑物：烟囱、抗渗要求不高的水池等。

应该注意的是，由于砌体结构存在自重大、强度低等缺点，砌体又是由单个块体和砂浆用手工砌筑的，砌筑质量难以保证均匀，因此，应注意砌体结构的合理适用范围。在采用新

材料和新结构时，应本着既积极又慎重的态度，贯彻"一切通过试验"和"确保房屋安全适用"的原则。砌体结构是我国应用广泛的结构形式之一，随着我国基本建设规模的扩大和人民居住条件的不断改善，砌体结构在我国的发展前途光明。

1.3 砌体结构的发展方向

砌体结构自古至今都是世界各国土木工程的重要结构形式。20 世纪 50 年代以来，欧美各国对黏土砖生产工艺进行了革新，使块材自重进一步减轻而强度提高，并使砌体在隔热、隔声、防火和建筑节能等方面优于其他建筑材料。在美国，经过对比分析，对六至十四层的房屋建筑采用砖墙承重其平均造价比钢筋混凝土低 14%，比钢结构低 22%，因而采用砌体结构具有良好的经济效益。当今，砌体结构被认为是一种古老而又重新兴起、具有生命力和竞争力的结构形式。

目前砌体结构在某些方面还较落后，块体强度及砌体强度较低，自重大，生产效率低，建设周期长，难以满足砌体结构日益发展的需要。砌体结构作为一种应用量大和应用范围广的传统结构形式，将继续发展和完善。今后砌体结构的发展方向主要在于如何进一步发挥其优点并克服其缺点，使砌体结构的性能更好，应用范围更广。

1.3.1 积极发展新材料

应加强对轻质高强块材以及高黏结强度砂浆的应用和研究，积极发展黏土砖的替代产品。目前，和国外相比，我国砖和砌块的强度普遍较低，需采取有力措施迅速提高砖和砌块的强度。对黏土资源丰富、人口较少的我国西北等地区，可推广应用黏土空心砖，这对节约能源、减轻结构自重都有明显作用。在人口多、耕地少的地区，要限制或取消使用黏土砖，积极发展黏土砖的替代产品，如蒸压灰砂砖、蒸压粉煤灰砖、混凝土砌块以及混凝土多孔砖等，以节省耕地、保护环境。此外，还应大力研制和推广与新型块体材料配套的高黏结强度砂浆，以提高砌体结构的整体性和抗震能力。

1.3.2 提高砌体强度，减轻砌体自重

块材强度是影响砌体强度的主要因素，采用轻质高强的块材能有效地提高砌体强度。目前，国外采用的大尺寸、高强度、高孔洞率材料，其抗压强度一般为 40～80MPa，最高可达 160～200MPa，孔洞率一般为 25%～40%，有的高达 60%。而我国目前生产的各类块材的抗压强度一般为 7.5～15MPa，仅为国外块材强度的 1/10～1/5。黏土空心砖的孔洞率也较低，一般在 30% 以内。国外生产的空心砖的体积为我国标准实心砖的 6～10 倍，大块空心砖的施工效率可以比小块实心砖提高 2.5～3 倍，节约砂浆 60%～70%。因此，应革新生产工艺，综合建筑、结构和施工等多方面的要求，生产多品种、规格齐全的轻质块材，包括大尺寸、高孔洞率、高强度的空心砖和利用工业废料生产的各种硅酸盐块材。

砌筑砂浆也是影响砌体强度和结构整体性的重要因素。砂浆黏结能力的提高，可提高砌

体抗拉和抗剪强度，增强砌体的整体性，这对提高砌体结构的抗震能力是有很大意义的。目前，我国常用的砂浆抗压强度一般为 2.5～10MPa，与块体的黏结能力还有待进一步提高。因此，应逐步提高我国的砂浆质量，研制价廉效高的添加剂，提高砂浆的黏结能力。

1.3.3　加强配筋砌体结构和预应力砌体结构的研究

美国及新西兰等国家长期从事配筋砌体的研究，并且在地震烈度较高地区，如加利福尼亚州的圣迭戈、长滩等地用配筋砌体建造了 18 层的公寓，这些建筑都经受了地震的考验。新西兰在高地震烈度区才允许用配筋砌体建造 7～12 层的房屋。国外预应力砌体结构也有发展，用预应力砌体建造水池直径已达 15m。配筋砌体和预应力砌体除能提高砌体强度和抗裂性外，还能有效地提高砌体结构的整体性和抗震性能。我国大部分地区属于抗震设防区，一些大、中城市还需要建造高层砌体结构房屋，因此，加强配筋砌体和预应力砌体的研究，逐步推广配筋砌体结构是今后砌体房屋抗震设计的方向。

1.3.4　提高砌体结构施工技术水平和施工质量

砌体结构的缺点之一是手工方式砌筑，生产效率低，工期较长，施工质量不易保证。有必要在我国较大范围内改变传统的砌体结构建造方式，提高生产的工业化、机械化水平，加快施工建设速度。除采用空心大块的块材以提高效率外，在砂浆及混凝土的铺砌灌注、块材的水平及垂直运输等方面也应进一步提高机械化水平，努力改进施工技术，加强砌体工程的施工质量检验和控制，以加快施工进度和提高砌体工程的施工质量。

1.3.5　开展砌体结构设计理论与应用的研究

砌体是由块体及砂浆组成的非匀质体，目前对砌体的各项力学性能、破坏机理以及砌体与其他材料共同工作等方面的研究还存在不少薄弱环节。进一步研究砌体结构的破坏机理和受力性能，建立精确而完善的砌体结构理论，积极探索新的砌体结构形式，是世界各国普遍关心的课题。今后，应加强对砌体结构的设计理论及砌体结构的评估、修复、加固等方面的研究，进一步改进试验技术，使测试和数据处理自动化，得到更准确的实验和分析结果。

1.4　学习本课程应注意的问题

"砌体结构"这门课程是土木建筑工程类专业的专业课，主要讲述砌体结构的设计方法和设计理论，其主要内容包括砌体材料及力学性能，无筋砌体构件的承载力计算，配筋砌体构件的承载力计算，混合结构房屋墙、柱设计，圈梁、过梁、墙梁及挑梁设计等。通过本课程的学习，应初步掌握砌体结构方面的基本理论知识，并能运用这些理论知识正确进行砌体结构设计和解决实际工程问题。

学习本课程时，建议注意下面一些问题。

1.4.1　加强实践性环节，并注意扩展知识面

砌体结构的基本理论是以实验为基础，实践性强。因此，除课堂学习以外，应注意到现场参观，了解实际工程；还要重视实验的教学环节，积累感性认识，以进一步理解学习内容。当有条件时，可进行无筋砌体和配筋砌体受压破坏过程的试验。

1.4.2　突出重点，并注意难点的学习

本课程的内容多、符号多、计算公式多、构造规定也多，学习时要遵循"少而精"的原则，突出重点内容的学习。例如，无筋砌体构件的承载力计算是本课程中的重点内容，把它学好了，就为后面各章的学习打下了好的基础。对学习中的难点要找出它的根源，以利于化解。

1.4.3　深刻理解概念，熟练掌握设计计算的基本功

对一些重要概念要做到深刻理解，深刻理解往往不是一步到位的，而是随着学习内容的展开和深入，逐步加深的。本教材各章后面给出的思考题和习题要认真完成，学习时应该先复习教学内容，看懂例题后再做习题，切忌边做题边看例题。对砌体结构的构造规定，也要着眼于理解，切忌死记硬背。

1.4.4　熟练运用规范

在本课程的学习过程中应该熟悉和正确运用我国颁布的一些设计规范和标准，如《砌体结构设计规范》（GB 50003—2011）、《建筑结构可靠性设计统一标准》（GB 50068—2018）、《混凝土结构设计规范》（GB 50010—2010）（2015 年版）、《建筑结构荷载规范》（GB 50009—2012）等。

1.4.5　重视结构方案布置和构造措施

砌体结构设计由结构方案布置、结构计算、构造措施三部分组成。其中，结构方案布置是结构设计是否合理的关键。目前，砌体结构的设计计算一般只考虑结构的荷载效应，结构上作用的其他因素，如温度变化、材料收缩、地基不均匀沉降等因素都难以用计算来考虑。《砌体结构设计规范》（GB 50003—2011）根据长期的工程实践经验，总结了一些考虑这些非荷载因素影响的构造措施，同时，计算中的某些条件必须有相应的构造措施来保证，所以，对砌体结构的构造措施要引起足够重视。

经过几千年的发展，砌体结构不断焕发新的活力。学习时要将砌体结构传统知识、设计规范与最新技术进展相结合，基本概念与工程案例相结合，注重砌体结构概念设计学习、分析能力培养、创新能力培养，注意课后学习向实验教学、课程设计、学科竞赛和课外科技创新活动延伸。

 **本章小结**

1.1 砌体结构是指用块材（砖、砌块或石材等）和砂浆砌筑而成的结构。砌体按照所采用的块材不同，分为砖砌体、石砌体和砌块砌体。

1.2 砌体抗压承载力较高，适用于受压构件，如墙、柱等竖向承重构件。无筋砌体抗弯、抗拉承载力较低，一般不用于受拉或受弯构件。

1.3 砌体结构的主要优点有：原材料来源广泛，易于就地取材；节约钢材和水泥，施工操作简单，可连续施工；具有良好的耐火性和耐久性；具有良好的保温、隔热、隔声性能，节能效果显著；采用砌块或大型板材做墙体时，可减轻结构自重、加快施工速度。砌体结构主要缺点有：自重大，砌筑工作繁重，无筋砌体的抗拉、抗弯及抗剪强度低，抗震性能较差等。

1.4 今后砌体结构的发展，主要在于如何进一步发挥其优点和克服其缺点，并结合我国国情，使砌体结构的应用范围更大，性能更好。

思考题

1.1 什么是砌体结构？砌体按照所用块材不同分为哪几类？

1.2 砌体结构的优、缺点分别是什么？

1.3 砌体结构主要用于哪些地方？

1.4 砌体结构的未来发展方向有哪些？

第2章

砌体材料及力学性能

导论

　　本章叙述了砌体材料及其强度等级，介绍了常见砌体的种类，叙述了砌体受压、受拉、受弯、受剪的性能以及影响砌体抗压强度的主要因素，给出了各种受力条件下的砌体强度。最后介绍了砌体的弹性模量、剪变模量、线膨胀系数及摩擦系数等变形参数。

2.1　砌体材料

　　砌体是由块材和砂浆黏结而成的复合体。砌体结构的块体材料主要有砖、砌块和石材三种。组成砌体的块材和砂浆的种类不同，砌体的力学性能也不相同，因此，了解砌体材料及其力学性能是掌握砌体结构设计计算的基础。

2.1.1　块材

2.1.1.1　砖

　　我国目前用于砌体结构的砖主要有烧结普通砖、烧结多孔砖和烧结空心砖、蒸压灰砂普通砖和蒸压粉煤灰普通砖、混凝土普通砖和混凝土多孔砖等。

　　(1) 烧结普通砖

　　烧结普通砖是以黏土、页岩、粉煤灰、煤矸石等为主要原料，经过焙烧而成的实心（或空洞率不大于15%）且外形尺寸符合规定的砖。烧结普通砖按主要制作原料分为烧结黏土砖、烧结页岩砖、烧结粉煤灰砖、烧结煤矸石砖等。烧结普通砖的标准规格尺寸为 $240\text{mm} \times 115\text{mm} \times 53\text{mm}$。4块砖长、8块砖宽、16块砖厚加上砂浆缝的厚度（大约10mm）均为1m，因此，1m^3 砖砌体理论用砖512块。

　　烧结普通砖具有一定的强度和保温隔热性，耐久性好，生产工艺简单，价格低廉，在建筑工程中主要用来砌筑墙体，也可用于砌筑柱、拱、烟囱、基础等。在砖砌体中配置适量的钢筋或浇筑钢筋混凝土形成配筋砌体，可代替钢筋混凝土柱或过梁。

　　生产烧结普通黏土砖需要大量黏土，要占用大量土地，不利于生态环境的保护；且烧结普通黏土砖自重大，生产能耗高，尺寸小，砌筑速度慢，施工效率低。因此，我国已严格限制烧结普通黏土砖的生产和使用。充分利用工农业废料和地方资源，制造出轻质、高强、低能耗、有利于环境保护的墙体材料是今后砌体材料的发展方向。

（2）烧结多孔砖和烧结空心砖

在建筑工程中用烧结多孔砖和烧结空心砖代替烧结普通砖，可使建筑物自重降低 30%，节约黏土 20%～30%，施工工效提高 40%，并能改善墙体的保温隔热、隔声性能。因此，推广使用多孔砖和空心砖是加快我国墙体材料改革的重要举措。

① 烧结多孔砖　烧结多孔砖是以黏土、页岩、粉煤灰、煤矸石等为主要原料，经过焙烧而成的孔洞率不大于 35%、孔的尺寸小而数量多的砖。烧结多孔砖的孔为竖向孔，分为 P 型砖和 M 型砖，P 型砖规格尺寸为 240mm×115mm×90mm，M 型砖规格尺寸为 190mm×190mm×90mm，如图 2-1 所示。烧结多孔砖的圆孔直径≤22mm，非圆孔直径≤15mm。

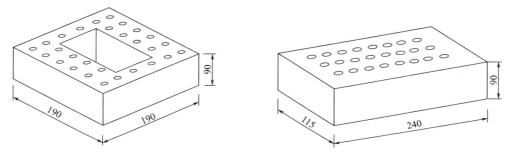

图 2-1　烧结多孔砖形状

烧结多孔砖的单孔尺寸小，孔洞分布均匀，具有较高的强度，在建筑工程中主要用于承重墙体。多孔砖与实心砖相比，可减少黏土用量，减轻结构自重，节省砌筑砂浆，减少砌筑工时，降低建筑物能耗。

② 烧结空心砖　烧结空心砖是以黏土、页岩、粉煤灰、煤矸石等为主要原料，经过焙烧而成烧孔洞率大于 35%、孔的尺寸大而数量少的砖。烧结空心砖的孔为水平孔，外形为直角六面体，与砂浆的结合面上设有凹线槽。烧结空心砖的长、宽、高尺寸应符合下列要求：390mm、290mm、240mm、190mm、180mm、175mm、140mm、115mm、90mm（也可由供需双方商定）。壁厚应大于 10mm，肋厚应大于 7mm。孔洞为矩形条孔或其他孔形，且平行于大面和条面。烧结空心砖形状如图 2-2 所示。

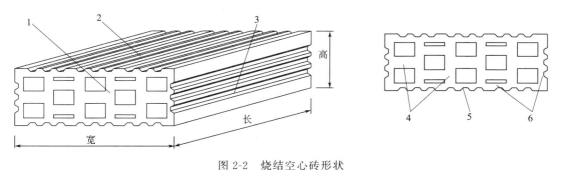

图 2-2　烧结空心砖形状

1—顶面；2—大面；3—条面；4—肋；5—凹线槽；6—外壁

烧结空心砖孔洞尺寸大，孔洞率高，具有良好的保温隔热性能，但强度较低，在建筑工程中主要用于砌筑框架结构的填充墙或非承重墙。

（3）蒸压灰砂普通砖和蒸压粉煤灰普通砖

蒸压灰砂普通砖和蒸压粉煤灰普通砖规格尺寸和烧结普通砖相同。利用粉煤灰、煤矸石、工业废渣及建筑垃圾替代黏土制砖，不仅可以减少环境污染，节约土地，还能节省大量燃料煤，减少能源消耗。

① 蒸压灰砂普通砖　蒸压灰砂普通砖是以石灰、砂子为主要原料，经胚料制备、压制成型、蒸压养护而成的实心砖，简称灰砂砖。蒸压灰砂普通砖主要用于建筑物的墙体、基础等承重部位，但不能用于长期受热高于 200℃、受急冷急热作用和有酸性介质侵蚀的建筑部位，也不得用于受流水冲刷的部位。

② 蒸压粉煤灰普通砖　蒸压粉煤灰普通砖是以粉煤灰、石灰为主要原料，掺加适量的石膏和骨料，经胚料制备、压制成型、蒸压养护而成的实心砖，简称粉煤灰砖。蒸压粉煤灰普通砖主要用于建筑物的墙体和基础，但不能用于长期受热高于 200℃、受急冷急热作用和有酸性介质侵蚀的建筑部位。

（4）混凝土普通砖和混凝土多孔砖

近年来，我国一些地方开发生产出了混凝土普通砖和混凝土多孔砖。这两种砖以水泥为胶结材料，以砂、石为主要骨料，加水搅拌、成型，经自然养护或蒸压养护制成。混凝土普通砖（实心砖）外形尺寸与烧结普通砖相同，可用于砌筑墙体和基础。混凝土多孔砖外形尺寸为 240mm×115mm×90mm，与 P 型烧结多孔砖相同，孔洞率不大于 35%，可砌筑承重墙体。

2.1.1.2　砌块

砌块是指比砖尺寸大的块材。砌块按高度不同分为大型砌块（高度大于 900mm）、中型砌块（高度为 380～900mm）和小型砌块（高度为 115～380mm），建筑工程中多采用小型砌块。生产砌块和板材多采用地方材料和工农业废料，材料来源广，可节约黏土资源和改善环境。由于砌块的尺寸比砖大，故用砌块来砌筑墙体还可提高施工速度，减少劳动量。

（1）普通混凝土小型空心砌块

普通混凝土小型空心砌块是以水泥、砂子、石子、水为原料，经搅拌、成型、养护而成的空心砌块，空心率一般在 23%～50% 之间，简称为混凝土砌块。普通混凝土小型空心砌块的主规格尺寸为 390mm×290mm×190mm，配以多种辅助规格，即可组成墙用砌块基本系列。砌块的最小外壁厚应不小于 30mm，最小肋厚应不小于 25mm，空心率应不小于 25%。常用普通混凝土小型空心砌块的形状见图 2-3。

普通混凝土小型空心砌块作为烧结砖的替代材料，可用于各类建筑的内、外墙，也可用于承重墙和非承重墙。在砌块的孔洞内浇筑配筋芯柱形成配筋砌块砌体，能提高墙体的承载力和建筑物的抗震性。

（2）轻骨料混凝土小型空心砌块

轻骨料混凝土小型空心砌块是由水泥、普通砂或轻砂、轻粗骨料加水搅拌，经装模成型、养护而成的空心砌块。轻骨料有陶粒、煤渣、煤矸石、火山渣、浮石等。轻骨料混凝土小型空心砌块主规格尺寸为 390mm×190mm×190mm。

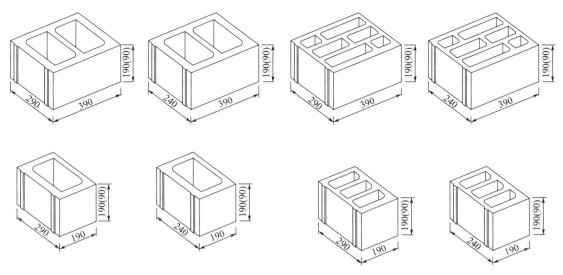

图 2-3　常用普通混凝土小型空心砌块

　　轻骨料混凝土小型空心砌块可用于建筑物的承重墙体和非承重墙体，也可用于既承重又保温或专门保温的墙体，特别适合用于高层建筑的填充墙和内隔墙。

　　（3）蒸压加气混凝土砌块

　　蒸压加气混凝土砌块是以钙质材料（水泥、石灰等）、硅质材料（砂、粉煤灰、粒化高炉矿渣等）和水按一定比例配合，加入少量发气剂（铝粉）和外加剂，经搅拌、浇筑、切割、蒸压养护等工序制成的一种轻质墙体材料。

　　蒸压加气混凝土砌块具有质量轻（约为普通黏土砖的 1/3）、保温隔热性好、易加工、施工方便等优点，在建筑物中主要用于低层建筑的承重墙、框架结构的填充墙以及其他非承重墙。在无可靠的防护措施时，加气混凝土砌块不得用于水中或高湿度环境、有侵蚀作用的环境和长期处于高温环境中的建筑物。

2.1.1.3　石材

　　天然石材具有强度高、耐久性好等优点，主要用于砌筑建筑物的基础和勒脚部位，也可用于砌筑承重墙体。天然石材在所有块体材料中应用历史最为悠久，常用的有花岗岩、石灰岩等。但由于天然石材自重大，传导热量能力强，用于砌筑炎热及寒冷地区的墙体时，需要较大的墙厚而显得不经济。

　　天然石材按加工后的外形规则程度分为毛石和料石两种。毛石形状不规则，中部厚度不应小于 200mm。料石为形状较规则的六面体，按加工平整程度不同又可分为细料石、粗料石和毛料石，其中细料石价格较高，一般用作镶面材料，粗料石和毛料石一般用作承重砌体。

2.1.1.4　块材的强度等级

　　块材的强度等级一般根据块材的抗压强度来确定。对于有些实心砖，由于其厚度较小，为了防止块体过早断裂，在确定强度等级时，除依据抗压强度外，还应满足相应强度等级规定的抗折强度（又称抗弯强度）要求。空心块材的强度等级是由试件破坏荷载除以受压毛截面面积确定的，在设计计算时不需再考虑孔洞的影响。

《砌体结构设计规范》（GB 50003—2011）规定的各种块材的强度等级如下。

承重结构的块体的强度等级：

① 烧结普通砖、烧结多孔砖的强度等级：MU30、MU25、MU20、MU15 和 MU10；

② 蒸压灰砂普通砖、蒸压粉煤灰普通砖的强度等级：MU25、MU20 和 MU15；

③ 混凝土普通砖、混凝土多孔砖的强度等级：MU30、MU25、MU20 和 MU15；

④ 混凝土砌块、轻骨料混凝土砌块的强度等级：MU20、MU15、MU10、MU7.5 和 MU5；

⑤ 石材的强度等级：MU100、MU80、MU60、MU50、MU40、MU30 和 MU20。

自承重墙的空心砖、轻骨料混凝土砌块的强度等级：

① 空心砖的强度等级：MU10、MU7.5、MU5 和 MU3.5；

② 轻骨料混凝土砌块的强度等级：MU10、MU7.5、MU5 和 MU3.5。

2.1.2 砂浆

砂浆在砌体中的作用是将单块的块材黏结成整体，并均匀传递块材之间的压力。由于砂浆填满了块材之间的缝隙，减小了砌体的透气性，故可提高砌体的保温性和抗冻性。

2.1.2.1 对砌筑砂浆的要求

① 应具有足够的强度和耐久性，以适应砌体强度及建筑物耐久性的要求。

② 应具有良好的可塑性，以保证砂浆在砌筑时很容易铺成均匀、密实的砂浆层，从而提高砌体的质量。

③ 应具有良好的保水性。砂浆的保水性是指砂浆保持水分的能力，直接影响砌体的质量。若砂浆的保水性较差，在运输和使用过程中会发生泌水、流浆现象，使砂浆的流动性下降，难以铺成均匀、密实的砂浆薄层；同时，由于水分流失会影响胶凝材料的凝结硬化，造成砂浆强度和黏结力下降，从而影响砌体的质量。在砂浆中掺入塑性掺合料后可提高砂浆的保水性，从而可更好地保证砌体的质量。

2.1.2.2 常用砌筑砂浆的种类

砂浆是由胶凝材料（水泥、石灰等）、细骨料（砂）加水搅拌而成的混合料。为适应不同块体的砌筑需要，砂浆分为普通砂浆、专用砂浆。

（1）普通砂浆

用于烧结普通砖、烧结多孔砖和石砌体的砂浆统称为普通砂浆。普通砂浆可分为水泥砂浆、混合砂浆和非水泥砂浆，其强度等级用 M 表示。

① 水泥砂浆　水泥砂浆由水泥、砂子和水组成。水泥砂浆强度较高，但和易性较差，适用于潮湿环境、水中以及要求砂浆强度等级较高的工程。

② 混合砂浆　水泥石灰混合砂浆由水泥、石灰、砂子和水组成，其强度、和易性、耐

水性介于水泥砂浆和石灰砂浆之间。一般用于地面以上的工程。

③ 非水泥砂浆　非水泥砂浆主要有不含水泥的石灰砂浆、黏土砂浆和石膏砂浆等，一般和易性较好，但强度很低，并且不宜用于潮湿环境和水中。非水泥砂浆一般用于地上的、强度要求不高的低层建筑或临时性建筑。

（2）专用砂浆

① 蒸压灰砂普通砖和蒸压粉煤灰普通砖专用砂浆　蒸压灰砂普通砖和蒸压粉煤灰普通砖专用砂浆是由水泥、砂、水及根据需要掺入的掺合料等组成，按一定比例，采用机械搅拌，制成专门用于蒸压灰砂普通砖和蒸压粉煤灰普通砖砌体，且抗剪强度不低于烧结普通砖砌体取值的砂浆，其强度等级用 Ms 表示。

② 混凝土砌块（砖）专用砂浆　混凝土砌块（砖）专用砂浆是由水泥、砂、水及根据需要掺入的掺合料等组成，按一定比例，采用机械搅拌，制成专门用于混凝土砌块（砖）砌体的砂浆，其强度等级用 Mb 表示。

2.1.2.3　砂浆的抗压强度和强度等级

砂浆的抗压强度是将砂浆制成 70.7mm×70.7mm×70.7mm 的立方体标准试件，一组六块，在标准条件下养护 28d，用标准试验方法测得的抗压强度平均值。砂浆的强度等级是根据砂浆的抗压强度平均值划分的，测定砂浆强度等级时应采用同类块体作为砂浆强度试块底模。

根据《砌体结构设计规范》（GB 50003—2011），砂浆的强度等级应按下列规定采用。

① 烧结普通砖、烧结多孔砖、蒸压灰砂普通砖和蒸压粉煤灰普通砖砌体采用的普通砂浆强度等级：M15、M10、M7.5、M5.0 和 M2.5；蒸压灰砂普通砖和蒸压粉煤灰普通砖砌体采用的专用砌筑砂浆强度等级：Ms15、Ms10、Ms7.5、Ms5.0。

② 混凝土普通砖、混凝土多孔砖、单排孔混凝土砌块和煤矸石混凝土砌块砌体采用的砂浆强度等级：Mb20、Mb15、Mb10、Mb7.5 和 Mb5.0。

③ 双排孔或多排孔轻集料混凝土砌块砌体采用的砂浆强度等级：Mb10、Mb7.5 和 Mb5.0。

④ 毛料石、毛石砌体采用的砂浆强度等级：M7.5、M5.0 和 M2.5。

2.2　砌体的种类

砌体的种类较多，按是否配有钢筋分为无筋砌体和配筋砌体；按受力情况分为承重砌体与非承重砌体；按砌筑方法分为实心砌体与空心砌体；按所用材料分为砖砌体、砌块砌体和石砌体。

2.2.1　无筋砌体

仅由块材和砂浆砌成的砌体称为无筋砌体，无筋砌体常用的有砖砌体、砌块砌体和石砌体。

（1）砖砌体

在房屋建筑中，砖砌体常用于墙体、柱、基础等承重结构，也可用于围护墙、隔断墙等非承重结构。砖砌体一般多为实心砌体，砌筑时竖向灰缝应错开，避免形成通缝。砖砌体常用的砌筑方式有一顺一丁、梅花丁、三顺一丁等，见图 2-4。试验表明，如采用同样强度等级的砖和砂浆，按上述方式砌筑的砌体其抗压强度没有明显差异。

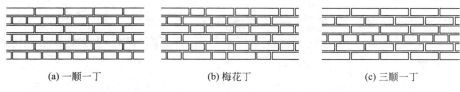

(a) 一顺一丁　　　　　　(b) 梅花丁　　　　　　(c) 三顺一丁

图 2-4　常用砖砌体砌筑方式

砖砌体的尺寸应与所用砖的规格尺寸相适应。烧结普通砖砌体的尺寸一般为 240mm（一砖）、370mm（一砖半）、490mm（二砖）、620mm（二砖半）及 740mm（三砖）等，在特殊情况下，也可侧砌成 180mm、300mm、420mm 等尺寸。多孔砖则可砌成 200mm、240mm、300mm 等厚度的墙体。

在砖砌体施工中，不同强度等级的砖严禁混用。砌体所用的砂浆强度应符合设计强度等级的要求，并应严格遵守施工操作规范，以确保砌体质量。

（2）砌块砌体

砌块砌体中多采用的是小型砌块。由于砌块的尺寸比砖大，故采用砌块砌体有利于提高劳动效率，获得较好的经济技术效果。砌块砌体可用于一般建筑物及工业厂房的墙体。

砌块砌体中的砌块应排列整齐，砌块类型和规格尽可能少，砌块应错缝搭接，小型砌块上、下皮搭接长度不得小于 90mm。砌筑空心砌块时，应对孔，使上、下皮砌块的肋对齐以利于传力，并且可以利用空心砌块的孔洞做成配筋芯柱，提高砌体的抗震能力。砌块砌体中砂浆和块体的结合度较弱，因而砌块砌体的整体性和抗剪性能不如普通砖砌体，使用时应注意采取适当的构造措施予以加强。

（3）石砌体

由石材和砂浆或混凝土砌筑而成的整体称为石砌体。石砌体分为料石砌体、毛石砌体、毛石混凝土砌体，见图 2-5。料石砌体和毛石砌体用砂浆砌筑，毛石混凝土砌体是由在模板内交替铺设混凝土层和形状不规则的毛石构成。

 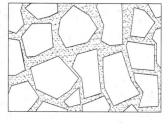 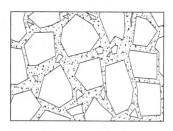

(a) 料石砌体　　　　　(b) 毛石砌体　　　　　(c) 毛石混凝土砌体

图 2-5　常用石砌体的类型

在产石山区，石砌体应用较为广泛。石砌体可用作一般民用房屋的承重墙、柱和基础，还可用来建造拱桥、坝和涵洞等构筑物。

2.2.2　配筋砌体

当砌体的荷载较大，采用无筋砌体构件无法满足强度要求时，可在无筋砌体内配置适量的钢筋或浇筑钢筋混凝土，以提高砌体的抗压、抗拉、抗剪能力，增加砌体的整体性，这种砌体称为配筋砌体。配筋砌体可提高砌体的强度和抗震性能，扩大砌体结构的使用范围。配筋砌体可分为配筋砖砌体和配筋砌块砌体。

2.2.2.1　配筋砖砌体

配筋砖砌体包括网状配筋砌体和组合配筋砌体。

（1）网状配筋砌体

网状配筋砌体是在砖砌体的水平灰缝内配置钢筋网见图 2-6（a）。在砌体受压时，网状配筋可约束砌体的横向变形，从而提高砌体的抗压强度。为了充分发挥水平钢筋的作用，在横向配筋砌体中往往同时配置纵向钢筋而构成组合配筋砌体见图 2-6（b）。

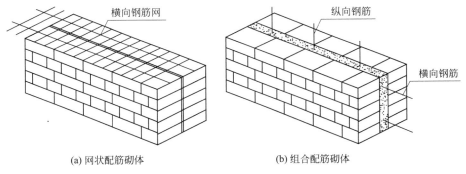

(a) 网状配筋砌体　　　　　　(b) 组合配筋砌体

图 2-6　配筋砖砌体

（2）组合配筋砌体

在砖砌体墙、柱外表面或内部配有钢筋混凝土（或钢筋砂浆）的砖砌体称为组合配筋砌体，目前在我国的应用主要有以下两种。

① 砖砌体和钢筋混凝土（或钢筋砂浆）面层的组合砌体　通常是用钢筋混凝土或钢筋砂浆做面层见图 2-7（a），设置在垂直于弯矩作用方向的两侧，以提高构件的抗弯能力，可用作承受偏心压力的墙、柱。

② 砖砌体和钢筋混凝土构造柱组合墙　砖砌体和钢筋混凝土构造柱组合墙，是在砖墙中间隔一定距离设置钢筋混凝土构造柱，并在各楼层楼盖处设置钢筋混凝土圈梁（约束梁），使砖砌体墙与钢筋混凝土构造柱和圈梁组成一个整体结构共同受力。砖砌体和钢筋混凝土构造柱组合墙构造见图 2-7（b）。

工程实践证明，在砌体墙的纵横向交接处及大洞口边缘设置钢筋混凝土构造柱不但可以提高砌体的承载力，同时，构造柱与房屋圈梁连接组成钢筋混凝土空间骨架，对增强房屋的

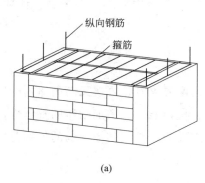
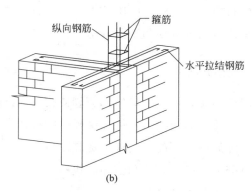

图 2-7 组合配筋砌体

抗变形能力和抗倒塌能力效果十分明显。这种墙体施工要求必须先砌墙后浇筑钢筋混凝土构造柱，砌体与构造柱连接处应按构造要求砌成马牙槎，以保证两者共同工作。

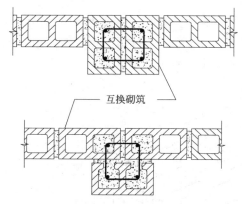

图 2-8 配筋混凝土空心砌块砌体（带壁柱墙）

2.2.2.2 配筋砌块砌体

混凝土空心砌块在砌筑中，上下孔洞对齐，在竖向孔中配置钢筋、浇筑灌孔混凝土，在横肋凹槽中配置水平钢筋并浇筑灌孔混凝土或在水平灰缝中配置水平钢筋，所形成的砌体称为配筋混凝土空心砌块砌体，简称配筋砌块砌体，如图 2-8 所示。这种配筋砌体结构自重轻、抗震性好，受力性能类似于钢筋混凝土结构，造价较钢筋混凝土结构低，应用前景广阔。

2.3 砌体的受压性能

砌体是由块材和砂浆黏结而成的，因而它的受压性能和匀质的整体结构构件有很大的差别。由于灰缝厚度和密实性的不均匀，以及砖和砂浆交互作用等原因，使块材的抗压强度不能充分发挥，即砌体的抗压强度将较大低于块材的抗压强度。为了能正确地了解砌体的受压工作性能，必须研究砌体在荷载作用下的破坏特征，分析在破坏前砌体内单块砖的应力状态。

2.3.1 砌体的受压破坏特征

2.3.1.1 普通砖砌体

（1）轴心受压砖柱的破坏过程

根据国内对 240mm×370mm×1000mm 的砖砌体在轴心压力下的试验研究和对房屋破坏时的观察可知，砖砌体受压时从加载到破坏，按照裂缝的出现和发展特点，大致可划分为三个受力阶段。

第一阶段：弹性阶段（裂缝发展稳定阶段）。弹性阶段从开始加荷直到个别砖出现第一批裂缝。第一批裂缝出现时的荷载值约为破坏荷载的 50%～70%，其特征是裂缝在单块砖内出现，裂缝细小，一般不穿过砂浆层。如果荷载不增加，裂缝也不扩展或增加，如图 2-9（a）所示。

第二阶段：弹塑性阶段（裂缝发展不稳定阶段）。随着荷载继续增加，砌体进入弹塑性阶段，砌体内裂缝不断扩展，数量增多。当荷载增加至破坏荷载的 80%～90% 时，单块砖内的裂缝不断发展，并沿竖向形成连续的贯穿若干皮砖的裂缝，同时又有新的裂缝产生。此时，即使荷载不增加，裂缝仍将继续发展，砌体已临近破坏，构件处于危险状态，如图 2-9（b）所示。

第三阶段：破坏阶段。随着荷载的继续增加，砌体中裂缝发展迅速，裂缝逐渐加长加宽形成若干条连续的贯通整个砌体的裂缝，将砌体分成若干个半砖左右的小立柱，整个砌体明显向外鼓出。最后小立柱发生失稳破坏（个别砖可能被压碎），整个砌体构件随之破坏，如图 2-9（c）所示。

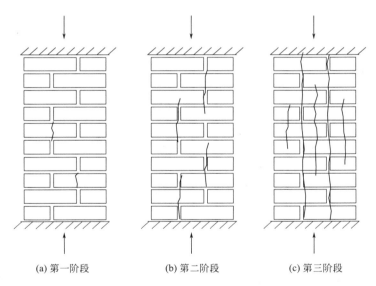

(a) 第一阶段　　　(b) 第二阶段　　　(c) 第三阶段

图 2-9　砖砌体轴心受压破坏特点

（2）单块砖在砌体中的受力特点

试验结果表明，砖柱的抗压强度远低于它所用砖的抗压强度，这主要是由单块砖在砌体中的受力状态决定的。在压力作用下，砌体内砖的应力状态有以下特点：

① 在砖砌体中，砖的表面不是完全平整和规则的，灰缝的厚度和密实性不均匀，因此，砂浆层与砖表面不能很理想地均匀接触和黏结。当砌体受压时，砌体中的单块砖不是均匀受压，而是处于受弯和受剪状态。由于砖抵抗受弯和受剪的能力较差，砌体内第一批裂缝的出现主要是由单块砖的受弯和受剪引起的。

② 砌体横向变形时砖和砂浆存在交互作用。由于砖和砂浆的弹性模量和横向变形系数

不同，砂浆的横向变形大于砖的横向变形，砖对砂浆的横向变形起着阻碍作用，并由此在砖内产生拉应力，所以单块砖在砌体内处于压、弯、剪及拉的复合应力状态，使其抗压强度降低；相反，砂浆的横向变形由于砖的约束而减小，因而砂浆处于三向受压状态，其抗压强度提高，所以采用低强度等级砂浆砌筑的砌体强度有时较砂浆本身强度高很多，甚至刚砌好的砌体（砂浆强度为零）也能承受一定的荷载。由于砖和砂浆的这种交互作用在砖内产生了附加拉应力，使得砌体的抗压强度比相应砖的强度要低得多，从而加快砖内裂缝的出现。

③ 弹性地基梁作用。砖内受弯、剪应力的值不仅与灰缝的厚度和密实性不均匀有关，而且还与砂浆的弹性性质有关。每块砖可视为作用在弹性地基上的梁，其下面的砌体即为弹性"地基"，砖上面承受由上部砌体传来的力。这块砖下面引起的反压力又反过来形成自下而上的荷载，使它成为倒置的弹性地基梁，上面的砌体又成为它的弹性地基。这一"地基"的弹性模量越小，砖的变形越大，在砖内产生的弯、剪应力也越大。

④ 竖向灰缝上的应力集中。在砌筑时，由于竖向灰缝往往不能很好地填满，在竖向灰缝处将产生应力集中现象。在竖向灰缝处的砖内横向拉应力和剪应力集中，加快了砖的开裂，造成砌体强度的降低。

由上述可见，砖砌体内的砖处于拉、压、弯、剪的复杂应力状态，这与单块砖在抗压试验时的受力状态有显著的区别，因此，砖砌体的抗压强度明显低于它所用砖的抗压强度。

2.3.1.2 多孔砖砌体

烧结多孔砖和混凝土多孔砖的轴心受压试验表明，砌体内产生第一批裂缝时的压力较普通砖砌体产生第一批裂缝时的压力高，约为破坏压力的70%。在砌体受力的第二阶段裂缝竖向贯通的速度快，但出现的裂缝数量不多，临近破坏时砖的表面出现较大面积的剥落，自第二至第三个受力阶段所经历的时间也比普通砖砌体短。

多孔砖砌体的破坏出现上述现象的原因是多孔砖的高度比普通砖大，且存在较薄的壁孔，使得多孔砖砌体较普通砖砌体具有更为显著的脆性破坏特征。

2.3.1.3 混凝土小型空心砌块砌体

混凝土小型空心砌块砌体轴心受压时，按照裂缝的出现、发展和破坏特点也可划分为三个受力阶段。但由于空心砌块砌体孔洞率大、壁薄，且灌孔的砌块砌体还涉及块体与芯柱共同作用，因此，混凝土小型空心砌块砌体的破坏特征与普通砖砌体相比仍有很大的区别，主要表现在以下几方面。

① 在受力的第一阶段，砌体内往往只产生一条较细的裂缝，第一条裂缝通常在一块砌块的高度内贯通。

② 第一条竖向裂缝通常在砌体宽面上沿砌块孔边产生，即在砌块孔洞角部肋厚度减小处产生。随着压力的增大，沿砌块孔边或砂浆竖缝产生裂缝，并在砌体窄面（侧面）上产生裂缝，窄面裂缝大多位于砌块孔洞中部，最终往往由于窄面裂缝突然加宽而破坏。砌块砌体破坏时裂缝数量较普通砖砌体破坏时的裂缝数量少得多。

③ 对于灌孔砌块砌体，随着压力的增加，砌块周边的肋对混凝土芯体有一定的横向约

束，这种约束作用与块体和芯体混凝土的强度有关。当砌体抗压强度远低于芯体混凝土抗压强度时，第一条竖向裂缝常在砌块孔洞中部的肋上产生，随后各肋均有裂缝出现，砌块先于芯体开裂。当砌体抗压强度与芯体混凝土抗压强度接近时，砌块与芯体共同工作较好，砌块与芯体均产生竖向裂缝。随着芯体混凝土横向变形的增大，砌块孔洞中部肋上的竖向裂缝加宽，砌块的肋向外崩出，导致砌体完全破坏，破坏时芯体混凝土有多条明显的纵向裂缝。

2.3.2　影响砌体抗压强度的因素

（1）块材和砂浆的强度等级

块材和砂浆的强度是决定砌体抗压强度的最主要因素。一般来说，块材和砂浆的强度高，砌体的抗压强度也高。相比较而言，块材强度对砌体强度的影响要大于砂浆，因此，要提高砌体的抗压强度，要优先考虑提高块材的强度。而在考虑提高块材强度时，应首选提高块体的抗弯强度，因为提高块材抗压强度对砌体强度的影响不如提高块材抗弯强度明显。

（2）砂浆的流动性、保水性及弹性模量

砂浆的流动性和保水性对砌体强度有较大的影响。砂浆的流动性和保水性好时，容易使铺砌的灰缝饱满、均匀和密实，可减小单块砖内因砂浆不均匀、不密实而产生的复杂应力，使砌体抗压强度提高。纯水泥砂浆虽然抗压强度较高，但流动性和保水性较差，不易铺成均匀的灰缝层，会使砌体强度降低，所以相同强度等级的混合砂浆砌筑的砌体强度要比水泥砂浆砌筑的砌体强度高。

砂浆弹性模量的大小对砌体强度亦具有决定性作用。当砖的强度不变时，砂浆的弹性模量决定其变形率，而砖与砂浆的相对变形大小影响单块砖的弯、剪应力及横向变形的大小。砂浆的弹性模量越大，相应砌体的抗压强度越高。

（3）砌筑质量和灰缝厚度

砌筑质量对砌体强度的影响，主要表现在水平灰缝的均匀性、饱满度和合适的灰缝厚度。砂浆铺砌饱满、均匀，可改善块体在砌体中的受力性能，使之较均匀地受压从而提高砌体抗压强度。砂浆灰缝的厚度对砌体的抗压强度也有影响，砂浆灰缝的厚度越厚，越容易铺砌均匀，对改善单块砖的受力性能有利，但砂浆的横向变形的不利影响也相应增大。实践证明，普通砂浆的灰缝厚度应控制在 8～12mm 为宜。

（4）块材的尺寸和几何形状

块材的尺寸、几何形状及表面平整程度对砌体抗压强度的影响较大。厚度大的块材，其抗弯、抗剪及抗拉能力强，砌体的抗压强度高；块材长度较大、表面凹凸不平，都将使所受弯、剪作用增大，从而降低砌体的强度。因此，砌体的抗压强度随块体厚度的增大而增高，随块体长度的增大而降低。块材的形状越规则，表面越平整，则砌体的抗压强度越高。

2.3.3　砌体的抗压强度

（1）砌体轴心抗压强度平均值

近年来对各类砌体抗压强度的试验研究表明，各类砌体轴心抗压强度的平均值，主要取决于块体和砂浆的抗压强度平均值。各类砌体的轴心抗压强度平均值 f_m 的计算表达式为：

$$f_m = k_1 f_1^\alpha (1 + 0.07 f_2) k_2 \tag{2-1}$$

式中　f_m——砌体的轴心抗压强度平均值；

　　　　f_1——块体（砖、石、砌块等）的抗压强度等级值；

　　　　f_2——砂浆的抗压强度平均值；

　　　k_1, α——与块体类别及砌体类别有关的系数，见表 2-1；

　　　　k_2——砂浆强度影响修正系数，见表 2-1。

表 2-1　各类砌体轴心抗压强度平均值计算系数

砌 体 种 类	计 算 系 数		
	k_1	α	k_2
烧结普通砖、烧结多孔砖、蒸压灰砂普通砖、蒸压粉煤灰普通砖、混凝土普通砖、混凝土多孔砖	0.78	0.5	当 $f_2 < 1$ 时，$k_2 = 0.6 + 0.4 f_2$
混凝土砌块、轻集料混凝土砌块	0.46	0.9	当 $f_2 = 0$ 时，$k_2 = 0.8$
毛料石	0.79	0.5	当 $f_2 < 1$ 时，$k_2 = 0.6 + 0.4 f_2$
毛石	0.22	0.5	当 $f_2 < 2.5$ 时，$k_2 = 0.4 + 0.24 f_2$

注：1. k_2 在表列条件以外时均等于 1.0。

2. 混凝土砌块砌体的轴心抗压强度平均值，当 $f_2 > 10$ MPa 时，应乘系数 $(1.1 - 0.01 f_2)$，MU20 的砌体应乘系数 0.95，且满足 $f_1 \geqslant f_2$，$f_1 \leqslant 20$ MPa。

（2）砌体的抗压强度标准值

砌体的抗压强度标准值是具有 95% 保证率的强度值，砌体的抗压强度标准值 f_k 与抗压强度平均值 f_m 的关系为：

$$f_k = f_m (1 - 1.645 \delta_f) \tag{2-2}$$

式中　f_k——砌体的抗压强度标准值；

　　　　f_m——砌体抗压强度平均值；

　　　　δ_f——各类砌体的抗压强度变异系数，见表 2-2。

表 2-2　砌体抗压强度的变异系数

砌体类别	烧结普通砖砌体			混凝土小型砌块砌体		轻骨料多排孔混凝土小型砌块砌体
受力类型	轴心受压	偏心受压	抗剪	轴心受压	偏心受压	轴心受压
变异系数	0.174	0.174	0.24	0.14	0.24	0.17

（3）砌体的抗压强度设计值

砌体的抗压强度设计值是在承载能力极限状态设计时采用的强度代表值，可按下式确定。

$$f = \frac{f_k}{\gamma_f} \tag{2-3}$$

式中，γ_f 为砌体结构的材料分项系数，一般情况下，宜按施工控制等级为 B 级考虑，

取 $\gamma_f = 1.6$；当等级为 C 级考虑时，取 $\gamma_f = 1.8$。

　　根据《砌体结构设计规范》（GB 50003—2011），龄期为 28d 的以毛截面面积计算的各类砌体抗压强度设计值，当施工质量控制等级为 B 级时，应根据块体和砂浆的强度等级分别按表 2-3～表 2-9 采用。当施工质量控制等级为 C 级时，表中数值应乘以调整系数 0.89。当施工质量控制等级为 A 级时，可将表中砌体强度设计值提高 5%。施工质量控制等级的选择主要由设计单位和建设单位商定，并在工程设计图中明确设计采用的施工质量控制等级。

表 2-3　烧结普通砖和烧结多孔砖砌体的抗压强度设计值　　单位：MPa

砖强度等级	砂浆强度等级					砂浆强度
	M15	M10	M7.5	M5	M2.5	0
MU30	3.94	3.27	2.93	2.59	2.26	1.15
MU25	3.60	2.98	2.68	2.37	2.06	1.05
MU20	3.22	2.67	2.39	2.12	1.84	0.94
MU15	2.79	2.31	2.07	1.83	1.60	0.82
MU10	—	1.89	1.69	1.50	1.30	0.67

注：当烧结多孔砖的孔洞率大于 30% 时，表中数值应乘以 0.9。

表 2-4　混凝土普通砖和混凝土多孔砖砌体的抗压强度设计值　　单位：MPa

砖强度等级	砂浆强度等级					砂浆强度
	Mb20	Mb15	Mb10	Mb7.5	Mb5	0
MU30	4.61	3.94	3.27	2.93	2.59	1.15
MU25	4.21	3.60	2.98	2.68	2.37	1.05
MU20	3.77	3.22	2.67	2.39	2.12	0.94
MU15	—	2.79	2.31	2.07	1.83	0.82

表 2-5　蒸压灰砂普通砖和蒸压粉煤灰普通砖砌体的抗压强度设计值　　单位：MPa

砖强度等级	砂浆强度等级				砂浆强度
	Ms15	Ms10	Ms7.5	Ms5	0
MU25	3.60	2.98	2.68	2.37	1.05
MU20	3.22	2.67	2.39	2.12	0.94
MU15	2.79	2.31	2.07	1.83	0.82

注：当采用专用砌筑砂浆时，其抗压强度设计值按表中数值采用。

表 2-6　单排孔混凝土砌块和轻集料混凝土砌块对孔砌筑砌体的抗压强度设计值　　单位：MPa

砌块强度等级	砂浆强度等级					砂浆强度
	Mb20	Mb15	Mb10	Mb7.5	Mb5	0
MU25	6.30	5.68	4.95	4.44	3.94	2.33
MU15	—	4.61	4.02	3.61	3.20	1.89

续表

砌块强度等级	砂浆强度等级					砂浆强度
	Mb20	Mb15	Mb10	Mb7.5	Mb5	0
MU10	—	—	2.79	2.50	2.22	1.31
MU7.5	—	—	—	1.93	1.71	1.01
MU5	—	—	—	—	1.19	0.70

注：1. 对独立柱或厚度为双排组砌的砌块砌体，应按表中数值乘以0.7。

2. 对T形截面墙体、柱，应按表中数值乘以0.85。

表2-7　双排孔或多排孔轻集料混凝土砌块砌体的抗压强度设计值　　单位：MPa

砌块强度等级	砂浆强度等级			砂浆强度
	Mb10	Mb7.5	Mb5	0
MU10	3.08	2.76	2.45	1.44
MU7.5	—	2.13	1.88	1.12
MU5	—	—	1.31	0.78
MU3.5	—	—	0.95	0.56

注：1. 表中的砌块为火山渣、浮石和陶粒轻集料混凝土砌块。

2. 当厚度方向为双排组砌的轻集料混凝土砌块砌体的抗压强度设计值，应按表中数值乘以0.8。

表2-8　毛料石砌体的抗压强度设计值　　单位：MPa

毛料石强度等级	砂浆强度等级			砂浆强度
	M7.5	M5	M2.5	0
MU100	5.42	4.80	4.18	2.13
MU80	4.85	4.29	3.73	1.91
MU60	4.20	3.71	3.23	1.65
MU50	3.83	3.39	2.95	1.51
MU40	3.43	3.04	2.64	1.35
MU30	2.97	2.63	2.29	1.17
MU20	2.42	2.15	1.87	0.95

注：1. 表中数值适用于块体高度为180～350mm的毛料石砌体。

2. 对细料石砌体、粗料石砌体和干砌勾缝石砌体，表中数值应分别乘以调整系数1.4、1.2和0.8。

表2-9　毛石砌体的抗压强度设计值　　单位：MPa

毛石强度等级	砂浆强度等级			砂浆强度
	M7.5	M5	M2.5	0
MU100	1.27	1.12	0.98	0.34
MU80	1.13	1.00	0.87	0.30
MU60	0.98	0.87	0.76	0.26
MU50	0.90	0.80	0.69	0.23
MU40	0.80	0.71	0.62	0.21
MU30	0.69	0.61	0.53	0.18
MU20	0.56	0.51	0.44	0.15

施工阶段砂浆尚未硬化砌体的强度和稳定性，可按砂浆强度为零进行验算。

单排孔混凝土砌块对孔砌筑时，灌孔混凝土砌块砌体的抗压强度设计值 f_g 应按下式计算：

$$f_g = f + 0.6\alpha f_c \tag{2-4}$$

$$\alpha = \delta\rho \tag{2-5}$$

式中　f_g——灌孔混凝土砌块砌体的抗压强度设计值，该值不应大于未灌孔砌体抗压强度

　　　　　　设计值的 2 倍；

　　　f——未灌孔混凝土砌块砌体的抗压强度设计值，应按表 2-6 采用；

　　　f_c——灌孔混凝土的轴心抗压强度设计值；

　　　α——混凝土砌块砌体中灌孔混凝土面积与砌体毛面积的比值；

　　　δ——混凝土砌块的孔洞率；

　　　ρ——混凝土砌块砌体的灌孔率，系截面灌孔混凝土面积与截面孔洞面积的比值，

　　　　　　灌孔率应根据受力或施工条件确定，且不应小于 33%。

混凝土砌块砌体的灌孔混凝土强度等级不应低于 Mb20，且不应低于 1.5 倍的块体强度等级。灌孔混凝土强度指标取同强度等级的混凝土强度指标。

（4）砌体强度设计值的调整

《砌体结构设计规范》（GB 50003—2011）规定，下列情况的各类砌体，其砌体强度设计值应乘以调整系数 γ_a。

① 对无筋砌体构件，其截面面积小于 0.3m² 时，γ_a 为其截面面积加 0.7；对配筋砌体构件，当其中砌体截面面积小于 0.2m² 时，γ_a 为其截面面积加 0.8；构件截面面积以 "m²" 计。

② 当砌体用强度等级小于 M5.0 的水泥砂浆砌筑时，对砌体的抗压强度 γ_a 为 0.9；对砌体的抗拉强度和抗剪强度 γ_a 为 0.8。

③ 当验算施工中房屋的构件时，γ_a 为 1.1。

2.4　砌体的轴心受拉、弯曲受拉和受剪性能

在建筑工程中，砌体除承受压力作用外，还有可能承受轴心拉力、弯矩和剪力作用。如圆形水池池壁在液体的侧向压力作用下将产生轴向拉力作用；挡土墙在土压力作用下将产生弯矩、剪力作用；砖砌过梁在自重、墙体和楼面荷载作用下受到弯矩、剪力作用等。

2.4.1　砌体的轴心受拉、弯曲受拉和受剪破坏形态

砌体的轴心受拉、弯曲受拉和受剪时可能产生以下三种破坏形态：

① 砌体沿齿缝截面破坏，如图 2-10(a) 所示；

② 砌体沿竖缝及块材截面破坏，如图 2-10(b) 所示；

③ 砌体沿水平通缝截面破坏，如图 2-10(c) 所示。

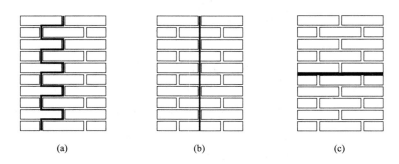

(a)   (b)   (c)

图 2-10　砌体轴心受拉、弯曲受拉和受剪时可能产生的破坏形态

2.4.2　砌体的轴心抗拉、弯曲抗拉和抗剪强度

砌体的轴心抗拉、弯曲抗拉和抗剪强度主要与砂浆强度等级有关，且砌体的轴心抗拉、弯曲抗拉和抗剪强度远远低于砌体的抗压强度。

（1）砌体的轴心抗拉、弯曲抗拉和抗剪强度平均值

砌体轴心抗拉强度平均值

$$f_{t,m} = k_3 \sqrt{f_2} \tag{2-6}$$

砌体弯曲抗拉强度平均值

$$f_{tm,m} = k_4 \sqrt{f_2} \tag{2-7}$$

砌体抗剪强度平均值

$$f_{v,m} = k_5 \sqrt{f_2} \tag{2-8}$$

式中　　f_2——砂浆的抗压强度平均值；

k_3，k_4，k_5——强度试验影响系数，见表 2-10。

表 2-10　砌体轴心抗拉、弯曲抗拉和抗剪强度平均值计算系数

砌体种类	计算系数			
	k_3	k_4		k_5
		沿齿缝	沿通缝	
烧结普通砖、烧结多孔砖、混凝土普通砖、混凝土多孔砖	0.141	0.250	0.125	0.125
蒸压灰砂普通砖、蒸压粉煤灰普通砖	0.09	0.18	0.09	0.09
混凝土砌块	0.069	0.081	0.056	0.069
毛料石	0.075	0.113	—	0.188

（2）砌体的轴心抗拉、弯曲抗拉和抗剪强度设计值

龄期为 28d 的以毛截面面积计算的各类砌体的轴心抗拉强度设计值、弯曲抗拉强度设计值和抗剪强度设计值，当施工质量控制等级为 B 级时，应按表 2-11 采用；当施工质量控制等级为 C 级时，表中数值应乘以调整系数 0.89；当施工质量控制等级为 A 级时，可将表中

砌体强度设计值提高 5%。施工阶段砂浆尚未硬化砌体的强度和稳定性，可按砂浆强度为零进行验算。

表 2-11　沿砌体灰缝截面破坏时砌体的轴心抗拉强度设计值、
弯曲抗拉强度设计值和抗剪强度设计值　　　　　　　单位：MPa

强度类别	破坏特征及砌体种类		砂浆强度等级			
			≥M10	M7.5	M5	M2.5
轴心抗拉	沿齿缝	烧结普通砖、烧结多孔砖	0.19	0.16	0.13	0.09
		混凝土普通砖、混凝土多孔砖	0.19	0.16	0.13	—
		蒸压灰砂普通砖、蒸压粉煤灰普通砖	0.12	0.10	0.08	—
		混凝土和轻集料混凝土砌块	0.09	0.08	0.07	—
		毛石	—	0.07	0.06	0.04
弯曲抗拉	沿齿缝	烧结普通砖、烧结多孔砖	0.33	0.29	0.23	0.17
		混凝土普通砖、混凝土多孔砖	0.33	0.29	0.23	—
		蒸压灰砂普通砖、蒸压粉煤灰普通砖	0.24	0.20	0.16	—
		混凝土和轻集料混凝土砌块	0.11	0.09	0.08	—
		毛石	—	0.11	0.09	0.07
	沿通缝	烧结普通砖、烧结多孔砖	0.17	0.14	0.11	0.08
		混凝土普通砖、混凝土多孔砖	0.17	0.14	0.11	—
		蒸压灰砂普通砖、蒸压粉煤灰普通砖	0.12	0.10	0.08	—
		混凝土和轻集料混凝土砌块	0.08	0.06	0.05	—
抗剪	烧结普通砖、烧结多孔砖		0.17	0.14	0.11	0.08
	混凝土普通砖、混凝土多孔砖		0.17	0.14	0.11	—
	蒸压灰砂普通砖、蒸压粉煤灰普通砖		0.12	0.10	0.08	—
	混凝土和轻集料混凝土砌块		0.09	0.08	0.06	—
	毛石		—	0.19	0.16	0.11

注：1. 对于用形状规则的块体砌筑的砌体，当搭接长度与块体高度的比值小于 1 时，其轴心抗拉强度设计值 f_t 和弯曲抗拉强度设计值 f_{tm} 应按表中数值乘以搭接长度与块体高度比值后采用。

2. 表中数值是依据普通砂浆砌筑的砌体确定，采用经研究性试验且通过技术鉴定的专用砂浆砌筑的蒸压灰砂普通砖、蒸压粉煤灰普通砖砌体，其抗剪强度设计值按相应普通砂浆强度等级砌筑的烧结普通砖砌体采用。

3. 对混凝土普通砖、混凝土多孔砖、混凝土和轻集料混凝土砌块砌体，表中的砂浆强度等级分别为：≥Mb10、Mb7.5 和 Mb5。

单排孔混凝土砌块对孔砌筑时，灌孔砌体的抗剪强度设计值 f_{vg}，应按下式计算。

$$f_{vg} = 0.2 f_g^{0.55} \tag{2-9}$$

式中，f_g 为灌孔混凝土砌块砌体的抗压强度设计值。

砌体的轴心抗拉、弯曲抗拉和抗剪强度设计值应按照 2.3 节的相关规定乘以调整系数 γ_a。

2.5　砌体的变形性能

2.5.1　砌体的弹性模量

砌体的弹性模量主要用于计算砌体构件在荷载作用下的变形，是衡量砌体抵抗变形能力

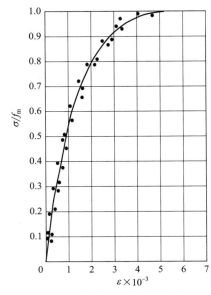

图 2-11　普通砖砌体受压时的
应力-应变曲线

的一个物理量,其大小主要通过实测砌体的应力-应变曲线求得。

普通砖砌体受压时的应力-应变曲线见图 2-11。从曲线上可以看出,当应力较小时,可近似认为砌体具有弹性性质;随着应力增大,具有明显的塑性;在接近破坏时,即使荷载增加很少,变形也会急剧增加。应力-应变曲线上任意一点切线的斜率,称为该点的切线模量。原点 "0" 的切线斜率为初始弹性模量 $E_0 = \tan\alpha_0$。由于 E_0 难以准确测定,同时为反映砌体在一般受力情况下的工作状态,《砌体结构设计规范》(GB 50003—2011)规定取 $\sigma = 0.43 f_m$ 时的割线模量作为砌体的弹性模量。

为了使用上的简便,对砌体弹性模量采用了较为简化的结果,按砂浆的不同强度等级,取弹性模量与砌体的抗压强度设计值成正比。由于石材的抗压强度设计值与弹性模量均远高于砂浆的相应值,砌体的受压变形主要取决于水平灰缝内砂浆的变形,因此,对于石砌体的弹性模量可仅取由砂浆的强度等级确定。各类砌体的弹性模量按表 2-12 采用。

表 2-12　砌体的弹性模量

砌体种类	砂浆强度等级			
	≥M10	M7.5	M5	M2.5
烧结普通砖、烧结多孔砖砌体	$1600f$	$1600f$	$1600f$	$1390f$
混凝土普通砖、混凝土多孔砖砌体	$1600f$	$1600f$	$1600f$	—
蒸压灰砂普通砖、蒸压粉煤灰普通砖砌体	$1060f$	$1060f$	$1060f$	—
非灌孔混凝土砌块砌体	$1700f$	$1600f$	$1500f$	—
粗料石、毛料石、毛石砌体	—	5650	4000	2250
细料石砌体	—	17000	12000	6750

注:1. 轻集料混凝土砌块的弹性模量,可按表中混凝土砌块砌体的弹性模量采用。

2. 表中砌体抗压强度设计值不进行调整。

3. 表中砂浆为普通砂浆,采用专用砂浆砌筑的砌体的弹性模量也按此表取值。

4. 对混凝土普通砖、混凝土多孔砖、混凝土和轻集料混凝土砌块砌体,表中的砂浆强度等级分别为:≥Mb10、Mb7.5 和 Mb5。

5. 对蒸压灰砂普通砖和蒸压粉煤灰普通砖砌体,当采用专用砂浆砌筑时,此强度设计值按表中数值采用。

单排孔且对孔砌筑的混凝土砌块灌孔砌体的弹性模量,应按下列公式计算。

$$E = 2000 f_g \qquad (2-10)$$

式中,f_g 为灌孔砌体的抗压强度设计值。

2.5.2　砌体的剪变模量

在计算墙体水平荷载作用下的剪切变形或对墙体进行剪力分配时,需要用到砌体的剪变模量。砌体的剪变模量与砌体的弹性模量和泊松比有关。

根据材料力学可得到砌体剪变模量为：

$$G = \frac{E}{2(1+\nu)} \tag{2-11}$$

式中，ν 为材料的泊松比，一般为 0.1～0.2。

《砌体结构设计规范》（GB 50003—2011）规定，砌体的剪变模量按砌体弹性模量的 0.4 倍采用，即 $G = 0.4E$。

2.5.3　砌体的干缩变形和线膨胀系数

砌体材料当含水量降低时，会产生较大的体积收缩，当这种收缩受到约束时，砌体中会出现干燥收缩裂缝。干燥收缩后的砌体在受潮后仍会发生体积膨胀，但收缩变形比膨胀变形要大得多。砌体的干燥收缩会造成建筑物墙体出现裂缝，严重时会造成工程事故，因此，工程中对砌体的干缩变形十分重视。各类砌体的线膨胀系数和收缩率见表 2-13。

表 2-13　砌体的线膨胀系数和收缩率

砌体类别	线膨胀系数（10^{-6}/℃）	收缩率/（mm/m）
烧结普通砖、烧结多孔砖砌体	5	−0.1
蒸压灰砂普通砖、蒸压粉煤灰普通砖砌体	8	−0.2
混凝土普通砖、混凝土多孔砖、混凝土砌块砌体	10	−0.2
轻集料混凝土砌块砌体	10	−0.3
料石和毛石砌体	8	—

注：表中的收缩率系由达到收缩允许标准的块体砌筑 28d 的砌体收缩系数。当地方有可靠的砌体收缩试验数据时，亦可采用当地的试验数据。

2.5.4　砌体的摩擦系数

当砌体结构构件沿某种材料发生滑移时，由于法向压力的存在，在滑移面将产生摩擦阻力。摩擦阻力的大小与法向压力及摩擦系数有关，而摩擦系数的大小与摩擦面的材料及摩擦面的干湿状况有关。摩擦系数主要用于砌体的抗剪承载力计算和抗滑移计算。各类砌体的摩擦系数见表 2-14。

表 2-14　砌体的摩擦系数

材料类别	摩擦面情况	
	干燥的	潮湿的
砌体沿砌体或混凝土滑动	0.70	0.60
砌体沿木材滑动	0.60	0.50
砌体沿钢滑动	0.45	0.35
砌体沿砂或卵石滑动	0.60	0.50
砌体沿粉土滑动	0.55	0.40
砌体沿黏性土滑动	0.50	0.30

 **本章小结**

2.1　砌体是由块材和砂浆黏结而成的复合体。砌体结构的块材主要有砖、砌块和石材三种，砌筑砂浆按胶凝材料不同主要有水泥砂浆、水泥石灰混合砂浆和非水泥砂浆。每一种类的材料有着各自不同的特点，适用于不同的情况。

2.2　砌体按是否配有钢筋分为无筋砌体和配筋砌体两大类。不同种类的砌体具有不同的特点，选用时应本着因地制宜、就地取材的原则，根据建筑物荷载的大小和性质，并满足建筑的使用要求、耐久性等方面的要求，合理选用。

2.3　影响砌体抗压强度的主要因素有块材和砂浆的强度，砂浆的流动性、保水性及弹性模量，砌筑质量和灰缝厚度，块材的形状和尺寸等。

2.4　《砌体结构设计规范》（GB 50003—2011）给出施工质量控制等级为 B 级、龄期为 28d，以毛截面计算的各类砌体的强度设计值。当施工质量控制等级为 A 级或 C 级时，应将各类砌体的强度设计值乘以相应的系数。考虑实际工程中各种可能的不利因素，还应将砌体强度设计值乘以调整系数 γ_a。验算施工阶段砂浆尚未硬化砌体的强度和稳定性时，可取砂浆强度为零。

2.5　砌体的轴心抗拉、弯曲抗拉和抗剪强度主要与砂浆或块材的强度等级有关，且远远低于砌体的抗压强度。

2.6　砌体的弹性模量、剪变模量、干缩变形、线膨胀系数等是砌体变形性能的主要组成部分，摩擦系数是砌体抗剪计算中常用的一个物理指标。

思考题

2.1　砌体常用的块材有哪几种？各有何特点？

2.2　砂浆在砌体中起什么作用？

2.3　块材和砂浆的强度等级是如何划分的？各用什么符号表示？

2.4　常用的砌筑砂浆种类有哪些？各适用于什么地方？

2.5　常用无筋砌体的种类有哪些？配筋砌体的种类有哪些？

2.6　砖砌体轴心受压时分哪几个受力阶段？它们的破坏特征如何？

2.7　为什么砖砌体的抗压强度远小于单块砖的抗压强度？

2.8　影响砌体抗压强度的主要因素有哪些？

2.9　在何种情况下可按砂浆强度为零来确定砌体强度？

2.10　砌体的轴心受拉、弯曲受拉及受剪破坏一般有哪几种破坏形态？

第**3**章

无筋砌体构件承载力计算

导论

本章叙述了砌体结构以概率论为基础的极限状态设计方法的基本概念，以及砌体结构强度标准值和设计值的取值原则。详细介绍了无筋砌体构件受压，局部受压，轴心受拉、受弯和受剪承载力的计算方法。

3.1 以概率论为基础的极限状态设计方法

我国建筑结构采用以近似概率理论为基础的极限状态设计方法，用可靠度指标来度量结构构件的可靠性，采用以分项系数的设计表达式进行计算。在学习砌体结构构件计算方法之前，有必要了解极限状态设计方法的一些基本概念。

3.1.1 基本概念

3.1.1.1 结构的极限状态

整个结构物或结构物的一部分超过某一特定状态时就不能满足设计规定的某一功能要求，此特定状态称为该功能的极限状态。根据《建筑结构可靠性设计统一标准》（GB 50068—2018）的规定，结构的极限状态分为三类：承载能力极限状态、正常使用极限状态和耐久性极限状态。

（1）承载能力极限状态

当结构或构件达到最大承载力、出现疲劳破坏、达到不适于继续承载的变形或因局部破坏引起连续倒塌时，即为承载能力极限状态。

（2）正常使用极限状态

当结构或构件达到正常使用或耐久性的某项规定限值的状态，即为正常使用极限状态。结构超过该状态时将不能正常工作。

（3）耐久性极限状态

当结构或构件出现影响承载能力和正常使用的材料性能劣化达到耐久性的某项规定限值时，即为耐久性极限状态。

砌体结构应按承载能力极限状态设计，并满足正常使用极限状态和耐久性极限状态的要求。砌体结构正常使用极限状态和耐久性极限状态的要求，一般情况下可由相应的构造措施来保证。

3.1.1.2 结构的功能要求

结构设计的主要目的是要保证所建造的结构安全适用，能够在设计使用年限内满足各项功能要求，并且经济合理。建筑结构应满足安全性、适用性和耐久性等功能要求。

（1）安全性

在正常设计、正常施工和正常使用条件下，结构应能承受可能出现的各种荷载作用和变形而不发生破坏；在偶然事件发生时及发生后，仍能保持必要的整体稳定性。

（2）适用性

在正常使用时，结构应具有良好的工作性能。对砌体结构而言，应对影响正常使用的变形、裂缝等进行控制。

（3）耐久性

在正常维护条件下，结构应在预定设计使用年限内满足各项使用功能的要求，即应有足够的耐久性。

结构设计使用年限是指设计规定的结构或构件不需要进行大修即可按其预定目标使用的年限，见表 3-1。建筑结构设计时，应规定结构的使用年限。

表 3-1　结构设计使用年限

类　　别	结构设计使用年限/年	类　　别	结构设计使用年限/年
临时性建筑结构	5	普通房屋和构筑物	50
易于替换的结构构件	25	纪念性建筑和特别重要的建筑结构	100

3.1.1.3　结构的作用效应（S）与结构抗力（R）

结构是建筑中承重骨架的总称。"作用"是结构产生效应（内力、变形、应力或应变）的所有原因。结构上的作用分为直接作用和间接作用两种。直接作用是指施加在结构上的集中荷载和分布荷载（如结构自重、活载、风载和雪载等）；间接作用是指引起结构外加变形或约束变形的其他作用（如地震、地基沉降、混凝土收缩、温度变化等）。结构上的作用，按随时间的变异情况可分为永久作用、可变作用和偶然作用；按随空间位置的变异情况可分为固定作用和可动作用；按结构的反应情况可分为静态作用和动态作用。

作用效应是指作用对结构产生的效应（内力、变形等）。因此，荷载对结构产生的效应称为荷载效应。由于荷载和荷载效应一般呈线性关系，故荷载效应可用荷载值乘以荷载效应系数来表达。结构上的作用，不但具有随机性，而且除了永久荷载外，一般还与时间参数有关，所以可用随机过程概率模型来描述。因此，结构作用效应一般也可用随机过程概率模型来描述。

结构抗力是指整个结构或构件承受内力或变形的能力。结构的抗力是构件的材料性能、几何参数及计算模式的不定性函数。当不考虑材料性能随时间的变异时，结构抗力为随机变量。

3.1.1.4　结构的可靠度和可靠指标

由于荷载效应和结构抗力的随机性，因而结构不满足或满足其功能要求的事件也是随机的。因此，结构"可靠"或"失效"的程度也只能以概率的意义来衡量，而非一个定值。

结构的工作状态可由作用效应和结构抗力的关系描述：

$$Z=R-S \tag{3-1}$$

当 $Z>0$ 时，结构处于可靠状态；

当 $Z=0$ 时，结构处于极限状态；

当 $Z<0$ 时，结构处于失效状态。

通常把不满足其功能要求出现的可能性称为结构的"失效概率"，记为 P_f，而把满足其功能要求出现的可能性称为结构的"保证率"，记为 P_s。因此，结构在规定的时间内，在规定的条件下，完成预定功能的概率称为结构的可靠度。如果以 $P_f=P(Z<0)$ 表示结构失效的概率，以 $P_s=P(Z>0)$ 表示结构的可靠概率，则 $P_s=1-P_f$。失效概率和可靠概率关系见图 3-1。

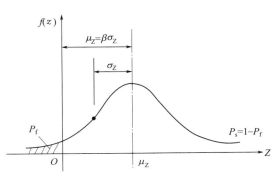

图 3-1　失效概率和可靠概率关系

影响结构可靠性的因素很复杂，要想精确求出失效概率还有一定的困难，且计算复杂。因此，我国规定采用近似概率法，并采用平均值 μ_Z 和标准差 σ_Z，并采用可靠指标 β 代替失效概率 P_f 来近似地估算结构的可靠度。

由图 3-1 可以看出，β 值越大，失效概率 P_f 越小，可靠概率 P_s 越大；β 值越小，失效概率 P_f 越大，可靠概率 P_s 越小。β 与 P_f、P_s 一一对应，因此，β 也可作为衡量结构可靠度的指标。

结构的极限状态方程

$$Z=R-S=0 \tag{3-2}$$

当 R、S 为正态分布时，Z 也为正态分布，其平均值为：

$$\mu_Z=\mu_R-\mu_S \tag{3-3}$$

标准差为：

$$\sigma_Z=\sqrt{\sigma_R^2+\sigma_S^2} \tag{3-4}$$

$$\beta=\frac{\mu_Z}{\sigma_Z}=\frac{\mu_R-\mu_S}{\sqrt{\sigma_R^2+\sigma_S^2}} \tag{3-5}$$

式中，μ_R、σ_R、μ_S、σ_S 分别为结构构件抗力 R 和结构构件作用效应 S 的平均值和标准差。

以概率理论为基础的极限状态设计方法是以结构失效概率来定义结构可靠度，并以与结构失效概率相对应的可靠指标 β 来度量结构的可靠性，从而能较好地反映结构可靠度的实质，使设计概念更为科学和明确。

《建筑结构可靠性设计统一标准》（GB 50068—2018）采用可靠指标 β 代替失效概率 P_f

来度量结构的可靠性。结构承载能力极限状态设计的可靠指标，应不小于表 3-2 的规定。

表 3-2 结构承载能力极限状态设计的可靠指标

破坏类型	安 全 等 级		
	一级	二级	三级
延性破坏	3.7	3.2	2.7
脆性破坏	4.2	3.7	3.2

3.1.1.5 结构的安全等级

在进行建筑结构设计时，应根据结构破坏可能产生的后果的（危及人的生命、造成经济损失、产生社会影响等）严重程度，采用不同的安全等级。建筑结构安全等级的划分应符合表 3-3 的要求。

表 3-3 建筑结构的安全等级

安全等级	破坏后果
一级	很严重：对人的生命、经济、社会或环境影响很大
二级	严重：对人的生命、经济、社会或环境影响较大
三级	不严重：对人的生命、经济、社会或环境影响较小

3.1.2 承载能力极限状态设计表达式

由于设计上直接采用可靠指标来进行设计计算还有很多困难，为了使结构的可靠度设计方法简便、实用，对一般常见结构，《建筑结构可靠性设计统一标准》（GB 50068—2018）采用了多个分项系数的极限状态设计表达式，即根据各种极限状态的设计要求，采用有关的荷载代表值、材料性能标准值、几何参数标准值以及结构重要性系数 γ_0、作用分项系数（荷载分项系数 γ_G、γ_Q）和结构抗力分项系数 γ_L（或材料性能分项系数 γ_f）等表达。

承载能力极限状态设计表达式应是在考虑结构重要性调整后的荷载效应小于或等于结构抗力，即

$$\gamma_0 S \leqslant R \qquad (3\text{-}6)$$

① 砌体结构按承载能力极限状态设计时，应按下式进行计算：

$$\gamma_0 \left(\gamma_G S_{Gk} + \gamma_L \gamma_{Q1} S_{Q1k} + \gamma_L \sum_{i=2}^{n} \gamma_{Qi} \psi_{ci} S_{Qik} \right) \leqslant R(f, a_k, \cdots) \qquad (3\text{-}7)$$

式中　　γ_0——结构重要性系数（对安全等级为一级或设计使用年限为 50 年以上的结构构件，不应小于 1.1；对安全等级为二级或设计使用年限为 50 年的结构构件，不应小于 1.0；对安全等级为三级或设计使用年限为 1～5 年的结构构件，不应小于 0.9）；

γ_L——结构构件的抗力模型不定性系数（对静力设计，考虑结构设计使用年限的荷载调整系数，设计使用年限为 50 年，取 1.0；设计使用年限为 100 年，取 1.1）；

γ_G——永久荷载的分项系数，根据《建筑结构可靠性设计统一标准》（GB 50068—2018），γ_G 取 1.3；

γ_{Q1}，γ_{Qi}——第 1、i 个可变荷载的分项系数，根据《建筑结构可靠性设计统一标准》（GB 50068—2018），一般情况下可取 1.5；

S_{Gk}——永久荷载标准值的效应；

S_{Q1k}——第 1 个可变荷载标准值的效应；

S_{Qik}——第 i 个可变荷载标准值的效应；

$R(f, a_k, \cdots)$——结构构件的抗力函数；

ψ_{ci}——第 i 个可变荷载的组合值系数，一般情况下应取 0.7，对书库、档案库、储藏室或通风机房、电梯机房应取 0.9；

f——砌体的强度设计值，$f = f_k/\gamma_f$；

f_k——砌体的强度标准值，$f_k = f_m - 1.645\sigma_f$；

γ_f——砌体结构的材料性能分项系数，一般情况下，宜按施工控制等级为 B 级考虑，取 $\gamma_f = 1.6$，当为 C 级时，取 $\gamma_f = 1.8$，当为 A 级时，取 $\gamma_f = 1.5$；

f_m——砌体的强度平均值；

σ_f——砌体强度的标准差；

a_k——几何参数标准值。

② 当砌体结构作为一个刚体，需验算整体稳定性时，例如倾覆、滑移、漂浮等，应按下列公式中最不利组合进行验算：

$$\gamma_0 \left(\gamma_G S_{G2k} + \gamma_L \gamma_{Q1} S_{Q1k} + \gamma_L \sum_{i=2}^{n} S_{Qik} \right) \leqslant 0.8 S_{G1k} \tag{3-8}$$

式中　S_{G1k}——起有利作用的永久荷载标准值的效应；

S_{G2k}——起不利作用的永久荷载标准值的效应。

3.2　受压构件承载力计算

在砌体结构中，墙、柱属于受压构件。试验结果表明，对于短粗的受压构件，当构件承受轴心压力时，从加荷到破坏，构件截面上的应力分布可视为均匀分布，破坏时截面所能承受的应力可以达到砌体的抗压强度。但对于承受偏心压力的构件和长细比较大的细长构件，其承载力是降低的。

因此，砌体受压构件的承载力不仅与构件的截面面积、砌体的抗压强度有关，而且轴向压力的偏心距和构件的高厚比对受压构件的承载力也有影响。构件的高厚比是构件的计算高度 H_0 与相应方向边长 h 的比值，用 β 表示，即 $\beta = H_0/h$。当构件的 $\beta \leqslant 3$ 时称为短柱；当构件的 $\beta > 3$ 时称为长柱。对短柱的承载力可不考虑构件高厚比的影响。

3.2.1　受压短柱承载力分析

对于承受轴向压力的无筋砌体受压短柱（$\beta \leqslant 3$）。如果将砌体看成匀质弹性体，按材料力学的公式计算，则截面较大受压边缘的应力 σ（图 3-2）为：

$$\sigma = \frac{N}{A} + \frac{Ne}{I}y = \frac{N}{A}\left(1 + \frac{ey}{i^2}\right) \tag{3-9}$$

式中　A，I，i——分别为砌体的截面面积、惯性矩和回转半径；

　　　　e——轴向压力的偏心距；

　　　　N——轴向力设计值；

　　　　y——受压边缘到截面形心轴的距离。

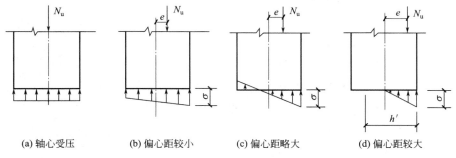

(a) 轴心受压　　　(b) 偏心距较小　　　(c) 偏心距略大　　　(d) 偏心距较大

图 3-2　按材料力学确定的截面应力图

如图 3-2（b）、（c）所示，在偏心距不很大，全截面受压或受拉边缘尚未开裂的情况下，当受压边缘的应力达到砌体的抗压强度 f_m 时，由式（3-9）可得到该短柱所能承受的压力为：

$$N_u = \frac{1}{1 + \frac{ey}{i^2}}Af_m = \alpha'Af_m \tag{3-10}$$

$$\alpha' = \frac{1}{1 + \frac{ey}{i^2}} \tag{3-11}$$

对于矩形截面柱，若 h 为沿轴向力偏心方向的边长，则有：

$$\alpha' = \frac{1}{1 + \frac{6e}{h}} \tag{3-12}$$

如图 3-2（d）所示，对于偏心距较大，受拉边缘已开裂的情况，不考虑砌体受拉，则矩形截面受压区的有效高度为：

$$h' = 3\left(\frac{h}{2} - e\right) = h\left(1.5 - \frac{3e}{h}\right) \tag{3-13}$$

则

$$N_u = \frac{1}{2}bh'f_m = \frac{1}{2}bh\left(1.5 - \frac{3e}{h}\right)f_m = \left(0.75 - 1.5\frac{e}{h}\right)Af_m \tag{3-14}$$

此时

$$\alpha' = 0.75 - 1.5\frac{e}{h} \tag{3-15}$$

从上述公式可以看出，偏心距对砌体受压构件的承载力有较大的影响。当为轴心受压时，$e=0$，$\alpha'=1$；当为偏心受压时，$\alpha'<1$。因此，将 α' 称为按材料力学公式计算的砌体受压构件承载力偏心距影响系数。

对砌体受压短柱进行大量的试验，试验值均高于按材料力学公式计算的值。这是因为：一方面随着荷载偏心距的增大，砌体表现出弹塑性性能，截面中应力呈曲线分布（图 3-3）；另一方面是当受拉边缘应力大于砌体通缝截面的弯曲抗拉强度时，虽然产生了水平裂缝，但随着裂缝的发展，受压面积逐渐减少，荷载对实际受压面积的偏心距也逐渐减小，所以裂缝不会无限制地发展导致构件破坏，而是在剩余面积和减小偏心距的作用下达到新的平衡，此时压应力虽然增大很多，但构件仍可以继续承受荷载。随着荷载的不断增加，裂缝不断开展，旧平衡不断被破坏而达到新的平衡，砌体所受到的压应力也随之增大。当剩余截面减小到一定程度时，砌体受压边出现竖向裂缝，最后导致构件破坏。按材料力学的公式计算时，未能考虑这些因素对砌体承载力的有利影响，故低估了砌体的承载力。

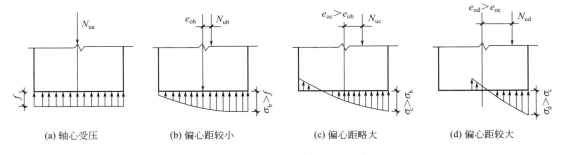

图 3-3　砌体受压短柱的截面应力

《砌体结构设计规范》（GB 50003—2011）根据我国对矩形、T 形及十字形截面受压短柱的大量试验研究结果，给出其偏心距对承载力的影响系数 α' 的计算公式为：

$$\alpha'=\frac{1}{1+\left(\dfrac{e}{i}\right)^2} \tag{3-16}$$

对矩形截面

$$\alpha'=\frac{1}{1+12\left(\dfrac{e}{h}\right)^2} \tag{3-17}$$

式中　e——荷载设计值产生的偏心距，$e=M/N$；

M，N——荷载设计值产生的弯矩和轴向力；

h——矩形截面沿轴向力偏心方向的边长，当轴心受压时为截面较小边长；

i——截面回转半径，$i=\sqrt{\dfrac{I}{A}}$；

I，A——截面惯性矩和截面面积。

对 T 形和十字形截面，也可按式(3-17) 计算，但需采用折算厚度 $h_T=3.5i$ 代替 h。

3.2.2　轴心受压长柱受力分析

轴心受压长柱（$\beta > 3$）由于构件轴线的弯曲、截面材料的不均匀和荷载作用偏离重心轴等原因，会出现侧向变形，使柱在轴向压力作用下发生纵向弯曲而破坏，因此，长柱与短柱相比受压承载力降低。柱的长细比越大，这种纵向弯曲的影响就越大。

在砌体中，水平灰缝削弱了砌体的整体性，所以砌体构件的纵向弯曲比混凝土构件更为明显。在轴心受压长柱承载力计算中一般采用稳定系数 φ_0 考虑纵向弯曲的影响。根据欧拉公式，长柱发生纵向弯曲破坏的临界应力为：

$$\sigma_{cri} = \frac{\pi^2 EI}{AH_0^2} = \pi^2 E \left(\frac{i}{H_0} \right)^2 \tag{3-18}$$

式中　E——弹性模量；

　　　H_0——柱的计算高度。

由于砌体的弹性模量随应力的增大而降低，当应力达到临界应力时，弹性模量已有较大程度的降低，此时的弹性模量可取为在临界应力处的切线模量，为：

$$E' = \xi f_m \left(1 - \frac{\sigma_{cri}}{f_m} \right) \tag{3-19}$$

则相应的临界应力为：

$$\sigma_{cri} = \pi^2 E' \left(\frac{i}{H_0} \right)^2 = \frac{\pi^2 \xi f_m \left(1 - \dfrac{\sigma_{cri}}{f_m} \right)}{\lambda^2} \tag{3-20}$$

式中　λ——构件的柔度或长细比，$\lambda = \dfrac{H_0}{i}$。

由式（3-20）可求得轴心受压时的稳定系数为：

$$\varphi_0 = \frac{\sigma_{cri}}{f_m} = \frac{1}{1 + \dfrac{1}{\pi^2 \xi} \lambda^2} \tag{3-21}$$

当为矩形截面时，取 $\beta = \dfrac{H_0}{h}$，称为构件的高厚比，则 $\lambda^2 = 12\beta^2$；当为 T 形或十字形截面时，取 $\beta = \dfrac{H_0}{h_T}$，则也有 $\lambda^2 = 12\beta^2$。因此，式（3-21）可表示为：

$$\varphi_0 = \frac{1}{1 + \dfrac{12}{\pi^2 \xi} \beta^2} = \frac{1}{1 + \alpha \beta^2} \tag{3-22}$$

式中，α 为与砂浆强度等级有关的系数。当砂浆强度等级大于或等于 M5 时，$\alpha = 0.0015$；当砂浆强度等级为 M2.5 时，$\alpha = 0.002$；当砂浆强度等级 $f_2 = 0$ 时，$\alpha = 0.009$。

3.2.3　偏心受压长柱受力分析

长柱（$\beta > 3$）承受偏心压力作用时柱端弯矩使柱产生侧向变形（挠度），使柱中部截面的轴向压力偏心距比初始状态时增大，使柱截面出现附加偏心距，并且随偏心压力的增大而不断增大。这样的相互作用加剧了柱的破坏，所以在长柱的承载力计算中要考虑这种影响。

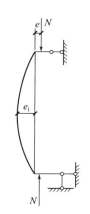

图 3-4　偏心受压构件
的附加偏心距

在图 3-4 所示的偏心受压构件中，设轴向压力的偏心距为 e，柱中截面产生的附加偏心距为 e_i，以柱中截面总的偏心距 $e+e_i$ 代替原偏心距 e，可得受压长柱考虑纵向弯曲和偏心距影响的系数为：

$$\varphi=\frac{1}{1+\left(\dfrac{e+e_i}{i}\right)^2} \tag{3-23}$$

由于轴心受压时，$e=0$ 和 $\varphi=\varphi_0$，即

$$\varphi_0=\frac{1}{1+\left(\dfrac{e_i}{i}\right)^2} \tag{3-24}$$

于是可得：

$$e_i=i\sqrt{\frac{1}{\varphi_0}-1} \tag{3-25}$$

对于矩形截面，有

$$e_i=\frac{h}{\sqrt{12}}\sqrt{\frac{1}{\varphi_0}-1} \tag{3-26}$$

将式(3-26) 及 $i=\dfrac{h}{\sqrt{12}}$ 带入式(3-23)，则可得到《砌体结构设计规范》（GB 50003—2011）中考虑纵向弯曲和偏心距的影响系数为：

$$\varphi=\frac{1}{1+12\left[\dfrac{e}{h}+\sqrt{\dfrac{1}{12}\left(\dfrac{1}{\varphi_0}-1\right)}\right]^2} \tag{3-27}$$

式中，φ_0 按式(3-22) 计算。对 T 形或十字形截面，用折算高度 h_T 代替 h。

按式(3-27) 计算 φ 值较复杂，可根据不同砂浆强度等级和不同偏心距及高厚比计算出 φ 值，见表 3-4～表 3-6，供计算时查用。

表 3-4　影响系数 φ（砂浆强度等级≥M5）

β	e/h 或 e/h_T						
	0	0.025	0.05	0.075	0.1	0.125	0.15
≤3	1	0.99	0.97	0.94	0.89	0.84	0.79
4	0.98	0.95	0.90	0.85	0.80	0.74	0.69
6	0.95	0.91	0.86	0.81	0.75	0.69	0.64
8	0.91	0.86	0.81	0.76	0.70	0.64	0.59
10	0.87	0.82	0.76	0.71	0.65	0.60	0.55

续表

β	e/h 或 e/h_T						
	0	0.025	0.05	0.075	0.1	0.125	0.15
12	0.82	0.77	0.71	0.66	0.60	0.55	0.51
14	0.77	0.72	0.66	0.61	0.56	0.51	0.47
16	0.72	0.67	0.61	0.56	0.52	0.47	0.44
18	0.67	0.62	0.57	0.52	0.48	0.44	0.40
20	0.62	0.57	0.53	0.48	0.44	0.40	0.37
22	0.58	0.53	0.49	0.45	0.41	0.38	0.35
24	0.54	0.49	0.45	0.41	0.38	0.35	0.32
26	0.50	0.46	0.42	0.38	0.35	0.33	0.30
28	0.46	0.42	0.39	0.36	0.33	0.30	0.28
30	0.42	0.39	0.36	0.33	0.31	0.28	0.26

β	e/h 或 e/h_T						
	0.175	0.2	0.225	0.25	0.275	0.3	
≤3	0.73	0.68	0.62	0.57	0.52	0.48	
4	0.64	0.58	0.53	0.49	0.45	0.41	
6	0.59	0.54	0.49	0.45	0.42	0.38	
8	0.54	0.50	0.46	0.42	0.39	0.36	
10	0.50	0.46	0.42	0.39	0.36	0.33	
12	0.47	0.43	0.39	0.36	0.33	0.31	
14	0.43	0.40	0.36	0.34	0.31	0.29	
16	0.40	0.37	0.34	0.31	0.29	0.27	
18	0.37	0.34	0.31	0.29	0.27	0.25	
20	0.34	0.32	0.29	0.27	0.25	0.23	
22	0.32	0.30	0.27	0.25	0.24	0.22	
24	0.30	0.28	0.26	0.24	0.22	0.21	
26	0.28	0.26	0.24	0.22	0.21	0.19	
28	0.26	0.24	0.22	0.21	0.19	0.18	
30	0.24	0.22	0.21	0.20	0.18	0.17	

表 3-5 影响系数 φ（砂浆强度等级 M2.5）

β	e/h 或 e/h_T						
	0	0.025	0.05	0.075	0.1	0.125	0.15
≤3	1	0.99	0.97	0.94	0.89	0.84	0.79
4	0.97	0.94	0.89	0.84	0.78	0.73	0.67
6	0.93	0.89	0.84	0.78	0.73	0.67	0.62
8	0.89	0.84	0.78	0.72	0.67	0.62	0.57
10	0.83	0.78	0.72	0.67	0.61	0.56	0.52
12	0.78	0.72	0.67	0.61	0.56	0.52	0.47
14	0.72	0.66	0.61	0.56	0.51	0.47	0.43
16	0.66	0.61	0.56	0.51	0.47	0.43	0.40
18	0.61	0.56	0.51	0.47	0.43	0.40	0.36
20	0.56	0.51	0.47	0.43	0.39	0.36	0.33
22	0.51	0.47	0.43	0.39	0.36	0.33	0.31
24	0.46	0.43	0.39	0.36	0.33	0.31	0.28
26	0.42	0.39	0.36	0.33	0.31	0.28	0.26
28	0.39	0.36	0.33	0.30	0.28	0.26	0.24
30	0.36	0.33	0.30	0.28	0.26	0.24	0.22

β	e/h 或 e/h_T					
	0.175	0.2	0.225	0.25	0.275	0.3
≤3	0.73	0.68	0.62	0.57	0.52	0.48
4	0.62	0.57	0.52	0.48	0.44	0.40
6	0.57	0.52	0.48	0.44	0.40	0.37
8	0.52	0.48	0.44	0.40	0.37	0.34
10	0.47	0.43	0.40	0.37	0.34	0.31
12	0.43	0.40	0.37	0.34	0.31	0.29
14	0.40	0.36	0.34	0.31	0.29	0.27
16	0.36	0.34	0.31	0.29	0.26	0.25
18	0.33	0.31	0.29	0.26	0.24	0.23
20	0.31	0.28	0.26	0.24	0.23	0.21
22	0.28	0.26	0.24	0.23	0.21	0.20
24	0.26	0.24	0.23	0.21	0.20	0.18
26	0.24	0.22	0.21	0.20	0.18	0.17
28	0.22	0.21	0.20	0.18	0.17	0.16
30	0.21	0.20	0.18	0.17	0.16	0.15

表 3-6　影响系数 φ（砂浆强度 0）

β	e/h 或 e/h_T					
	0	0.025	0.05	0.075	0.1	0.125	0.15
≤3	1	0.99	0.97	0.94	0.89	0.84	0.79
4	0.87	0.82	0.77	0.71	0.66	0.60	0.55
6	0.76	0.70	0.65	0.59	0.54	0.50	0.46
8	0.63	0.58	0.54	0.49	0.45	0.41	0.38
10	0.53	0.48	0.44	0.41	0.37	0.34	0.32
12	0.44	0.40	0.37	0.34	0.31	0.29	0.27
14	0.36	0.33	0.31	0.28	0.26	0.24	0.23
16	0.30	0.28	0.26	0.24	0.22	0.21	0.19
18	0.26	0.24	0.22	0.21	0.19	0.18	0.17
20	0.22	0.20	0.19	0.18	0.17	0.16	0.15
22	0.19	0.18	0.16	0.15	0.14	0.14	0.13
24	0.16	0.15	0.14	0.13	0.13	0.12	0.11
26	0.14	0.13	0.13	0.12	0.11	0.11	0.10
28	0.12	0.12	0.11	0.11	0.10	0.10	0.09
30	0.11	0.10	0.10	0.09	0.09	0.09	0.08

β	e/h 或 e/h_T					
	0.175	0.2	0.225	0.25	0.275	0.3
≤3	0.73	0.68	0.62	0.57	0.52	0.48
4	0.51	0.46	0.43	0.39	0.36	0.33
6	0.42	0.39	0.36	0.33	0.30	0.28
8	0.35	0.32	0.30	0.28	0.25	0.24
10	0.29	0.27	0.25	0.23	0.22	0.20

β	e/h 或 e/h_T					
	0.175	0.2	0.225	0.25	0.275	0.3
12	0.25	0.23	0.21	0.20	0.19	0.17
14	0.21	0.20	0.18	0.17	0.16	0.15
16	0.18	0.17	0.16	0.15	0.14	0.13
18	0.16	0.15	0.14	0.13	0.12	0.12
20	0.14	0.13	0.12	0.12	0.11	0.10
22	0.12	0.12	0.11	0.10	0.10	0.09
24	0.11	0.10	0.10	0.09	0.09	0.08
26	0.10	0.09	0.09	0.08	0.08	0.07
28	0.09	0.08	0.08	0.08	0.07	0.07
30	0.08	0.07	0.07	0.07	0.07	0.06

3.2.4 受压构件承载力计算

砌体虽然是个整体，但由于有水平砂浆层且灰缝较多，使砌体整体性受到影响，所以纵向弯曲对构件承载力的影响较其他构件要显著。另外，对于偏心受压构件，还必须考虑在偏心压力作用下附加偏心距的增大和截面塑性变形等因素的影响。因此，《规范》在试验的基础上，把轴向力偏心距 e 和构件的高厚比 β 对受压构件承载力的影响采用同一系数 φ 来考虑；而轴心受压构件可以视为偏心受压构件的特例，即偏心距 $e=0$ 的情况。

砌体受压构件承载力的计算公式为：

$$N \leqslant \varphi f A \tag{3-28}$$

式中　N——轴向力设计值；

　　　φ——高厚比 β 和轴向力的偏心距 e 对受压构件承载力的影响系数，可查表 3-4～表 3-6；

　　　f——砌体的抗压强度设计值，按表 2-3～表 2-9 采用；

　　　A——截面面积，对各类砌体均应按毛截面计算。

对矩形截面构件，当轴向力偏心方向的截面边长大于另一方向的边长时，除按偏心受压计算外，还应对较小边长方向按轴心受压进行验算。

由于砌体材料的种类不同，构件的承载能力有较大的差异，因此，在确定影响系数 φ 时，构件高厚比 β 按下列公式确定。

对矩形截面

$$\beta = \gamma_\beta \frac{H_0}{h} \tag{3-29}$$

对 T 形截面

$$\beta = \gamma_\beta \frac{H_0}{h_T} \tag{3-30}$$

式中　γ_β——不同砌体材料构件的高厚比修正系数，按表 3-7 采用；

H_0——受压构件的计算高度，按表 5-4 采用；

h——矩形截面轴向力偏心方向的边长，当轴心受压时，为截面较小边长；

h_T——T 形截面的折算厚度，可近似按 $3.5i$ 计算，i 为截面的回转半径。

表 3-7　高厚比修正系数

砌体材料的类别	γ_β
烧结普通砖、烧结多孔砖	1.0
混凝土普通砖、混凝土多孔砖、混凝土及轻集料混凝土砌块	1.1
蒸压灰砂普通砖、蒸压粉煤灰普通砖、细料石	1.2
粗料石、毛石	1.5

注：对灌孔混凝土砌块，取 1.0。

由于轴向力的偏心距 e 较大时，构件在使用阶段容易产生较宽的水平裂缝，使构件的侧向变形增大，承载力显著下降，既不安全也不经济。因此，《砌体结构设计规范》（GB 50003—2011）规定受压构件按内力设计值计算的轴向力的偏心距 $e \leqslant 0.6y$，y 为截面重心到轴向力所在偏心方向截面边缘的距离。

当偏心距 e 过大，无筋砌体将出现过大的裂缝，受压承载力不高，是不经济的。当 $e > 0.6y$ 时，应采取相应的措施。例如采取加大截面尺寸、采用组合砖砌体、梁端部下砌体上设置具有中心装置的垫块等措施。

例 3-1

某房屋中截面尺寸为 $490mm \times 620mm$ 的独立柱，采用 MU10 单排孔混凝土小型空心砌块和 Mb5 混合砂浆砌筑，柱的计算高度 $H_0 = 3.6m$，柱底截面承受的轴心压力设计值 $N = 320kN$（已包括柱自重）。试验算柱截面是否安全。

[解]　$A = 0.49 \times 0.62 = 0.3038(m^2) > 0.3m^2$，取 $\gamma_a = 1.0$

查表 2-6 得 $f = 2.2MPa$

因为是独立柱，还应乘以系数 0.7，则抗压强度设计值为：$f = 2.2 \times 0.7 = 1.54(MPa)$

墙体的高厚比为：$\beta = \gamma_\beta \dfrac{H_0}{h} = 1.1 \times \dfrac{3600}{490} = 8.08$

查表 3-4 得 $\varphi = 0.908$。

则 $N_u = \varphi f A = 0.908 \times 1.54 \times 0.3038 \times 10^6 = 424.81 \times 10^3 (N) = 424.81kN > 320kN$

该柱安全。

例 3-2

一轴心受压承重内横墙，取墙长 $b = 1000mm$，墙厚 $h = 240mm$，采用强度等级为 MU15 的蒸压灰砂砖和 M5 水泥砂浆砌筑，砖墙的计算高度 $H_0 = 3.3m$，作用在墙底轴向力设计值 $N = 260kN$（已包括墙自重）。验算该横墙的受压承载力。

[解]　查表 2-3 得 $f = 1.83MPa$

$$A = 1000 \times 240 = 240 \times 10^3 (\text{mm}^2)$$

由于本题砖墙为连续砖墙，墙体强度按面积的调整系数 $\gamma_a = 1.0$；采用的是水泥砂浆，但强度等级 $\geqslant$ M5，取 $\gamma_a = 1.0$。

墙体的高厚比为：$\beta = \gamma_\beta \dfrac{H_0}{h} = 1.2 \times \dfrac{3300}{240} = 16.5$

砂浆的强度等级为 M5，则 $\alpha = 0.0015$。

$$\varphi_0 = \frac{1}{1 + \alpha \beta^2} = \frac{1}{1 + 0.0015 \times 16.5^2} = 0.71$$

由表 3-4 查得 $\varphi_0 = 0.71$ 与公式计算结果相同。

横墙的承载力为：

$$N_u = \varphi f A = 0.71 \times 1.83 \times 240 \times 1000 = 311.83 \times 10^3 (\text{N}) = 311.83\text{kN} > 260\text{kN}$$

则该横墙的承载力满足要求。

➡ 例 3-3

某房屋中截面尺寸 $b \times h = 490\text{mm} \times 740\text{mm}$ 的柱，采用 MU15 蒸压灰砂砖和 M5 混合砂浆砌筑，柱的计算高度 $H_0 = 5.4\text{m}$，柱底截面承受的轴心压力设计值 $N = 365\text{kN}$，弯矩设计值 $M = 31\text{kN} \cdot \text{m}$（弯矩作用于长边方向）。当施工质量控制等级为 B 级时，试验算该柱的承载力。若施工质量控制等级为 C 级，该柱的承载力是否还能满足要求？

[解] （1）施工质量控制等级为 B 级时

$A = 0.49 \times 0.74 = 0.3626 (\text{m}^2) > 0.3\text{m}^2$，取 $\gamma_a = 1.0$

查表 2-4 得 $f = 1.83\text{MPa}$

① 沿截面偏心方向（长边方向）柱的承载力计算。

轴向力的偏心距为：$e = \dfrac{M}{N} = \dfrac{31 \times 10^6}{365 \times 10^3} = 84.9 (\text{mm}) < 0.6y = 0.6 \times \dfrac{740}{2} = 222 (\text{mm})$

$$\frac{e}{h} = \frac{84.9}{740} = 0.115$$

该柱的高厚比为：$\beta = \gamma_\beta \dfrac{H_0}{h} = 1.2 \times \dfrac{5400}{740} = 8.76$

查表 3-4 得 $\varphi = 0.647$

柱的承载力为：$N_u = \varphi f A = 0.647 \times 1.83 \times 0.3626 \times 10^6 = 429.3 \times 10^3 (\text{N}) = 429.3\text{kN} > 365\text{kN}$

偏心方向的承载力满足要求。

② 沿截面短边方向按轴心受压进行计算。

该柱的高厚比为：$\beta = \gamma_\beta \dfrac{H_0}{h} = 1.2 \times \dfrac{5400}{490} = 13.2$

查表 3-4 得 $\varphi = 0.79$

则 $N_u = \varphi f A = 0.79 \times 1.83 \times 0.3626 \times 10^6 = 524.2 \times 10^3 (\text{N}) = 524.2\text{kN} > 365\text{kN}$

短边方向的轴心受压承载力也满足要求。

（2）施工质量控制等级为 C 级时

沿截面偏心方向：$f = 1.83 \times 0.89 = 1.629 (\text{MPa})$

则 $N_u = \varphi f A = 0.647 \times 1.629 \times 0.3626 \times 10^6 = 382.2 \times 10^3 (\text{N}) = 382.2 \text{kN} > 365 \text{kN}$

该柱承载力满足要求。

➡ 例 3-4

某单层厂房带壁柱的窗间墙截面尺寸如图 3-5 所示，柱的计算高度 $H_0 = 5.1 \text{m}$，采用 MU15 蒸压粉煤灰砖和 M7.5 混合砂浆砌筑，承受轴心压力设计值 $N = 255 \text{kN}$，弯矩设计值 $M = 22 \text{kN·m}$，试验算其截面承载力是否满足要求。

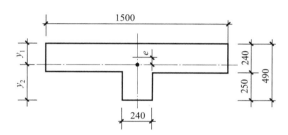

图 3-5　例 3-4 带壁柱窗间墙截面

[**解**]　（1）截面几何特征值计算

截面面积：$A = 1500 \times 240 + 240 \times 250 = 420000 (\text{mm}^2) = 0.42 (\text{m}^2) > 0.3 \text{m}^2$，取 $\gamma_a = 1.0$

截面重心位置：$y_1 = \dfrac{1500 \times 240 \times 120 + 240 \times 250 \times (240 + 125)}{420000} = 155 (\text{mm})$

$$y_2 = 490 - 155 = 335 (\text{mm})$$

截面惯性矩：

$$I = \frac{1500 \times 240^3}{12} + 1500 \times 240 \times (155 - 120)^2 + \frac{240 \times 250^3}{12} + 240 \times 250 \times (335 - 125)^2$$

$$= 51275 \times 10^5 (\text{mm}^4)$$

截面的回转半径：$i = \sqrt{\dfrac{I}{A}} = \sqrt{\dfrac{51275 \times 10^5}{420000}} = 110.5 (\text{mm})$

截面的折算厚度：$h_T = 3.5i = 3.5 \times 110.5 = 386.75 (\text{mm})$

（2）承载力的计算

轴向力的偏心距：$e = \dfrac{M}{N} = \dfrac{22 \times 10^6}{255 \times 10^3} = 86.3 (\text{mm}) < 0.6y = 0.6 \times 155 = 93 (\text{mm})$，

根据 $\dfrac{e}{h_T} = \dfrac{86.3}{386.75} = 0.223$，$\beta = \gamma_\beta \dfrac{H_0}{h_T} = 1.2 \times \dfrac{5100}{386.75} = 15.8$

查表 3-4 得 $\varphi = 0.344$

窗间墙的受压承载力：$N_u = \varphi fA = 0.344 \times 2.07 \times 420000 = 299.1 \times 10^3 (\text{N}) = 299.1$ (kN)> 255(kN)

承载力满足要求。

3.3 局部受压承载力计算

3.3.1 砌体局部受压性能

当轴向压力仅作用于砌体的部分截面上时，即为砌体的局部受压。局部受压是砌体结构中常见的一种受力状态，根据局部受压面积上压应力分布不同，分为局部均匀受压和局部非均匀受压。当砌体局部受压面积上压应力均匀分布，称为局部均匀受压（如承受上部柱或墙传来压力的基础顶面）。当砌体局部受压面积上压应力不均匀分布，称为局部非均匀受压（如梁或屋架端部支承处的截面上）。

通过大量的试验研究表明，砌体局部受压有三种破坏形态。

（1）纵向裂缝发展而破坏

图 3-6(a) 所示为一在中部承受局部压力作用的墙体，当砌体的截面面积与局部受压面积的比值较小时，在局部压力作用下，试验钢垫板下 1～2 皮砖以下的砌体内产生第一批纵向裂缝；随着压力的增大，纵向裂缝逐渐向上和向下发展，并出现其他纵向裂缝和斜裂缝，裂缝数量不断增加。当其中的部分纵向裂缝延伸形成一条主要裂缝就引起破坏。开裂荷载一般小于破坏荷载。在砌体的局部受压情况下，这是一种较为常见的破坏形态。

（2）劈裂破坏

当砌体的截面面积与局部受压面积的比值相当大时，在局部压力作用下，砌体产生数量少但较集中的纵向裂缝，如图 3-6(b) 所示。而且纵向裂缝一出现，砌体很快就发生犹如刀劈一样的破坏，开裂荷载一般接近破坏荷载。

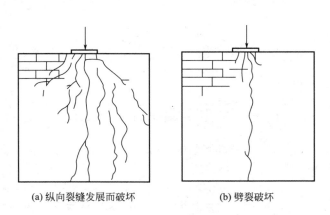

(a)纵向裂缝发展而破坏   (b)劈裂破坏

图 3-6　砌体局部均匀受压破坏形态

（3）局部受压面积处破坏

这种破坏极少发生。在实际工程中，当砌体的强度较低，而所支承的墙梁的高跨比较大时，有可能发生梁端支承处砌体局部被压碎而破坏。

砌体局部受压时，直接受压的局部范围内的砌体抗压强度有较大程度的提高。局部受压区的砌体不仅产生竖向压缩变形，并且还产生横向受拉变形，而周围未直接承受压力的砌体像套箍一样阻止该横向变形，且使与局部受压砌体处于双向受压或三向受压状态，使得局部受压区砌体的抗压能力（局部抗压强度）比一般情况下的砌体抗压强度有较大的提高，这是"套箍强化"作用的结果。对于边缘及端部局部受压情况，"套箍强化"作用不明显甚至不存在。但按"应力扩散"的概念来分析，只要在砌体内存在未直接承受压力的面积，就有应力扩散的现象，就可以在一定程度上提高砌体的抗压强度。

砌体局部受压时，尽管砌体局部抗压强度得到提高，但局部受压破坏比较突然，实际中曾经出现过因砌体局部抗压强度不足而引发房屋倒塌的事故，故设计时应予以重视。

3.3.2　局部均匀受压

3.3.2.1　砌体抗压强度提高系数

根据试验研究结果，当砌体抗压强度设计值为 f 时，砌体的局部抗压强度可取 γf。γ 称为砌体局部抗压强度提高系数，γ 的大小与周边约束局部受压面积的砌体截面面积大小以及局部受压砌体所处的位置有关，《砌体结构设计规范》（GB 50003—2011）建议统一按下式计算：

$$\gamma = 1 + 0.35\sqrt{\frac{A_0}{A_1} - 1} \tag{3-31}$$

式中　γ——砌体局部抗压强度提高系数；

　　　A_1——局部受压面积；

　　　A_0——影响砌体局部抗压强度的计算面积。

影响砌体局部抗压强度的计算面积 A_0（图 3-7）按下列规定采用。

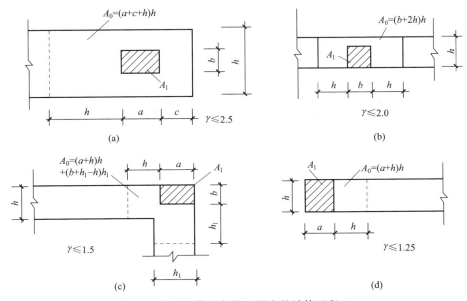

图 3-7　影响砌体局部抗压强度的计算面积 A_0

对图 3-7(a)，$A_0 = (a + c + h)h$；

对图 3-7(b)，$A_0 = (b + 2h)h$；

对图 3-7(c)，$A_0 = (a + h)h + (b + h_1 - h)h_1$；

对图 3-7(d)，$A_0 = (a + h)h$。

式中 a，b——矩形局部受压面积 A_1 的边长；

h，h_1——墙厚或柱的较小边长、墙厚；

c——矩形局部受压面积的外边缘至构件边缘的较小距离，当大于 h 时，应取 h。

为了避免 $\dfrac{A_0}{A_1}$ 大于某一限值时砌体会出现劈裂破坏，按上式计算的砌体局部抗压强度提高系数 γ 还应符合下列规定：

① 在图 3-7(a) 的情况下，$\gamma \leqslant 2.5$；

② 在图 3-7(b) 的情况下，$\gamma \leqslant 2.0$；

③ 在图 3-7(c) 的情况下，$\gamma \leqslant 1.5$；

④ 在图 3-7(d) 的情况下，$\gamma \leqslant 1.25$；

⑤ 对按《砌体结构设计规范》（GB 50003—2011）第 6.2.13 条的要求灌孔的混凝土砌块砌体，在以上①、②款的情况下，还应满足 $\gamma \leqslant 1.5$。未灌孔混凝土砌块砌体取 $\gamma = 1.0$。

⑥ 对多孔砖砌体孔洞难以灌实时，应按 $\gamma = 1.0$ 取用；当设置混凝土垫块时，按垫块下砌体局部受压计算。

3.3.2.2　局部均匀承载力计算公式

砌体截面中受局部均匀压力时的承载力按下式计算。

$$N_1 \leqslant \gamma f A_1 \tag{3-32}$$

式中 N_1——局部受压面积 A_1 上的轴向力设计值；

γ——砌体局部抗压强度提高系数；

f——砌体的抗压强度设计值，局部受压面积小于 0.3m^2，可不考虑强度调整系数 γ_a 的影响；

A_1——局部受压面积。

➡ 例 3-5

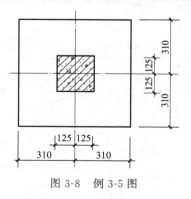

图 3-8　例 3-5 图

如图 3-8 所示的房屋基础，其上支承截面为尺寸 250mm×250mm 的钢筋混凝土柱，柱作用于基础顶面中心处的轴向压力设计值 $N_1 = 180\text{kN}$。基础采用 MU10 烧结普通砖和 M7.5 混合砂浆砌筑。验算柱下砌体的局部受压承载力是否满足要求。

[**解**] 查表 2-3 得 $f = 1.69\text{MPa}$

砌体的局部受压面积：$A_1 = 0.25 \times 0.25 = 0.0625 \ (\text{m}^2)$

影响砌体局部抗压强度计算面积：$A_1 = 0.62 \times 0.62 =$

$0.3844(\text{m}^2)$

砌体局部抗压强度提高系数：

$$\gamma = 1 + 0.35 \sqrt{\frac{A_0}{A_1} - 1} = 1 + 0.35 \sqrt{\frac{0.3844}{0.0625} - 1} = 1.79 < 2.5$$

砌体局部受压承载力为：

$$\gamma f A_1 = 1.79 \times 1.69 \times 0.0625 \times 10^6 = 189.1 \times 10^3 (\text{N}) = 189.1 (\text{kN}) > 180 (\text{kN})$$

承载力满足要求。

3.3.3　梁端支承处砌体局部受压

梁端支承在墙体中的局部受压情况，属于局部非均匀受压，如图 3-9 所示。梁端支承处砌体的局部受压面积上除承受梁端传来的支承压力 N_1 外，还承受由上部荷载产生的轴向力 N_0，其在梁端支承处产生的压应力为 σ_0，即 $\sigma_0 = \dfrac{N_0}{A_1}$ [如图 3-9（a）所示]。若梁端传来的荷载较大，梁端底部的砌体将产生较大的压缩变形，使梁端顶部与砌体接触面积变小，甚至与砌体逐渐脱开形成水平缝隙，这使砌体形成内拱结构，原来由上部墙体传给梁端支承面上的压力将通过内拱作用传给周围的砌体 [如图 3-9（b）所示]。这种内拱作用随着 σ_0 的增加而逐渐减小，因为

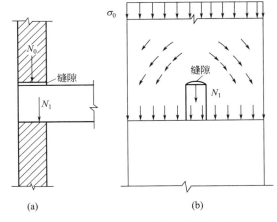

图 3-9　梁端支承在墙体中的局部受压

σ_0 较大时，梁端上部砌体产生的压缩变形较大，梁端顶面与砌体接触面积也增大，内拱作用逐渐减小。

此外，按试验结果 $A_0/A_1 > 2$ 时，可忽略不计上部荷载对砌体局部抗压的影响。《砌体结构设计规范》（GB 50003—2011）偏于安全，取 $A_0/A_1 \geqslant 3$ 时，不计上部荷载的影响，即 $N_0 = 0$。

当梁支承在砌体上时，由于梁受力变形翘曲，支座内边缘处砌体的压缩变形较大，使得梁的末端部分与砌体脱开，使梁的有效支承长度 a_0 小于梁的实际支承长度 a，从而减少了梁端支承处砌体的有效受压面积，即砌体局部受压面积 $A_1 = a_0 b$（b 为梁的宽度）（图 3-10）。

假定梁端砌体的变形和压应力按线性分布，对砌体边缘的位移为 $y_{\max} = a_0 \tan\theta$（$\theta$ 为梁端转角）。其压应力为 $\sigma_{\max} = k y_{\max}$，$k$ 为梁端支承处砌体的压缩刚度系数。由于梁端砌体内实际的压应力为曲线分布，设压应力图形的完整系数为 η，取平均压应力

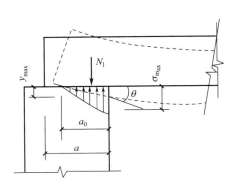

图 3-10　梁端局部受压

为 $\sigma = \eta k y_{\max}$。按照竖向力的平衡条件得：

$$N_1 = \eta k y_{\max} a_0 b = \eta k a_0^2 b \tan\theta \tag{3-33}$$

则

$$a_0 = \sqrt{\frac{N_1}{\eta k b \tan\theta}} \tag{3-34}$$

根据试验结果，可取 $\dfrac{\eta k}{f_m} = 0.332 \text{mm}^{-1}$，$\dfrac{\eta k}{f} = 0.692 \text{mm}^{-1}$，代入式（3-34），当 N_1 的单位为 "kN"，当 f 的单位为 "N/mm²" 时，可以得到：

$$a_0 = 38 \sqrt{\frac{N_1}{b f \tan\theta}} \tag{3-35}$$

一般情况下，砌体上支承钢筋混凝土简支梁，若梁的跨度为 l，承受均布荷载集度为 q，则 $N_1 = \dfrac{1}{2} q l$，$\tan\theta \approx \theta = \dfrac{q l^2}{24 B_c}$（$B_c$ 为梁的刚度），近似取 $\dfrac{h_c}{l} = \dfrac{1}{11}$（$h_c$ 为梁的截面高度）。考虑到钢筋混凝土梁可能产生裂缝以及长期荷载效应的影响，取 $B_c \approx 0.3 E_c I_c$。I_c 为梁的惯性矩，E_c 为混凝土弹性模量。当采用强度等级为 C20 的混凝土时，$E_c = 25.5 \text{kN/mm}^2$。将上述各值代入式（3-35），可得：

$$a_0 = 10 \sqrt{\frac{h_c}{f}} \tag{3-36}$$

式中　h_c——梁的截面高度，mm；

　　　f——砌体抗压强度设计值，MPa。

根据试验结果，《砌体结构设计规范》（GB 50003—2011）规定梁端支承处砌体局部受压承载力计算公式按下式计算：

$$\psi N_0 + N_1 \leqslant \eta \gamma f A_1 \tag{3-37}$$

$$\psi = 1.5 - 0.5 \frac{A_0}{A_L} \tag{3-38}$$

$$N_0 = \sigma_0 A_1 \tag{3-39}$$

$$A_1 = a_0 b \tag{3-40}$$

式中　ψ——上部荷载的折减系数，当 $A_0/A_1 \geqslant 3$ 时，应取 $\psi = 0$；

　　N_0——局部受压面积内上部轴向力设计值，N；

　　N_1——梁端支承压力设计值，N；

　　σ_0——上部平均压应力设计值，N/mm²；

　　η——梁端底面压应力图形的完整系数，一般取 0.7，对于过梁和墙梁可取 1.0；

　　A_1——局部受压面积，mm²；

　　a_0——梁端有效支承长度，mm，按式（3-36）计算（当 $a_0 > a$ 时，应取 $a_0 = a$，a 为梁端实际支承长度）；

　　b——梁的截面宽度，mm；

　　f——砌体抗压强度设计值，MPa。

→ **例 3-6**

某房屋窗间墙上梁的支承情况如图 3-11 所示。梁的截面尺寸 200mm×550mm，在墙上支承长度 $a=240$mm。窗间墙截面尺寸为 1200mm×370mm，采用 MU10 烧结煤矸石砖和 M5 混合砂浆砌筑。梁端支承压力设计值 $N_1=80$kN，梁底截面上部荷载设计值产生的轴向力 $N_0=175$kN。试验算梁端支承处砌体局部受压承载力。

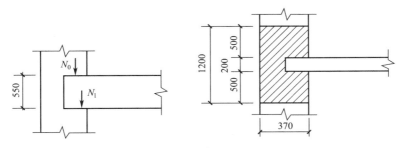

图 3-11　例 3-6 图

[**解**]　查表 2-3 得 $f=1.5$MPa

$A=1.2×0.37=0.444(\text{m}^2)>0.3(\text{m}^2)$，取 $\gamma_a=1.0$

梁端有效支承长度：$a_0=10\sqrt{\dfrac{h_c}{f}}=10\sqrt{\dfrac{550}{1.5}}=191.5(\text{mm})<a=240(\text{mm})$

梁端局部受压面积：$A_1=191.5×200=38300(\text{mm}^2)=0.0383(\text{m}^2)$

影响砌体局部抗压强度的计算面积：

$$A_0=(b+2h)×h=(200+2×370)×370=347800(\text{mm}^2)=0.3478(\text{m}^2)$$

砌体局部抗压强度提高系数：$\gamma=1+0.35\sqrt{\dfrac{A_0}{A_1}-1}=1+0.35\sqrt{\dfrac{0.3478}{0.0383}-1}=1.99<2.0$

由 $\dfrac{A_0}{A_1}=\dfrac{0.3478}{0.0383}=9.1>3.0$，则 $\psi=0$，可不考虑上部荷载的影响。

梁端支承处砌体局部受压承载力：

$\eta\gamma fA_1=0.7×1.99×1.5×38300=80003(\text{N})=80.03(\text{kN})>\psi N_0+N_1=0+80=80(\text{kN})$

承载力满足要求。

3.3.4　梁端设有刚性垫块时砌体局部受压

当梁端局部受压承载力不满足要求时，在梁下设置预制或现浇混凝土垫块来扩大局部受压面积，能有效地解决砌体的局部承载力不足的问题。当垫块的高度 $t_b≥180$mm，且垫块自梁边缘算起挑出长度不大于垫块的高度 t_b 时，称为刚性垫块。刚性垫块不但可以增大局部受压面积，还可以使梁端压力能较好地传至砌体表面。当现浇垫块与梁端整体浇筑时，垫块可在梁高范围内设置（见图 3-12）。

试验表明，垫块底面积以外的砌体对局部受压范围内的砌体有约束作用，使垫块下的砌

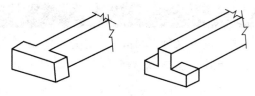

图 3-12　刚性垫块与梁现浇的刚性垫块

体抗压强度提高，但考虑到垫块底面压应力分布不均匀，偏于安全，取垫块外砌体的有利影响系数 $\gamma_1 = 0.8\gamma$（γ 为砌体的局部抗压强度提高系数）。试验还表明，刚性垫块下砌体的局部受压可采用砌体偏心受压的计算公式。

在梁端设有刚性垫块的砌体局部受压承载力可按下式计算：

$$N_0 + N_1 \leqslant \varphi\gamma_1 f A_b \tag{3-41}$$

$$N_0 = \sigma_0 A_b \tag{3-42}$$

$$A_b = a_b b_b \tag{3-43}$$

式中　N_0——垫块面积 A_b 内上部轴向力设计值，N；

　　　φ——垫块上的 N_0 及 N_1 合力的影响系数，应按 $\beta \leqslant 3$ 查表 3-4～表 3-6，e/h 中的 h 按 a_b 采用；

　　　γ_1——垫块外砌体面积的有利影响系数，$\gamma_1 = 0.8\gamma$，但不小于 1.0，γ 为砌体局部抗压强度提高系数，按式（3-31）以 A_b 代替 A_l 计算得出；

　　　A_b——垫块面积，mm^2；

　　　a_b——垫块伸入墙内长度，mm；

　　　b_b——垫块宽度，mm。

刚性垫块的构造应符合下列规定：

① 刚性垫块的高度 t_b 不应小于 180mm，自梁边算起的垫块挑出长度不应大于垫块高度 t_b（图 3-13）。

② 在带壁柱墙的壁柱内设刚性垫块时，其计算面积应取壁柱范围内的面积，不应计算翼缘部分，同时壁柱上垫块伸入墙内的长度不应小于 120mm（见图 3-13）。

③ 当现浇垫块与梁端整体浇筑时，垫块可在梁高范围内设置。

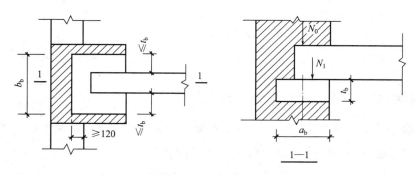

图 3-13　壁柱上设置垫块时梁端局部承压

当梁端设有刚性垫块时，梁端支承压力设计值 N_1 距墙内边缘的距离可取 $0.4a_0$。梁端有效支承长度 a_0 按下式计算：

$$a_0 = \delta_1 \sqrt{\frac{h_c}{f}} \qquad\qquad (3\text{-}44)$$

式中　δ_1——刚性垫块的影响系数，可按表 3-8 采用。

表 3-8　刚性垫块的影响系数

σ_0/f	0	0.2	0.4	0.6	0.8
δ_1	5.4	5.7	6.0	6.9	7.8

注：表中其间的数值可采用插入法求得。

➡ 例 3-7

已知条件同例 3-6，假设梁端支承压力设计值 $N_1 = 100\text{kN}$，在梁端下砌体内设置厚度 $t_b = 180\text{mm}$，宽度 $b_b = 500\text{mm}$，伸入墙内长度 $a_b = 240\text{mm}$ 的垫块，如图 3-14 所示。验算垫块下的墙体局部受压承载力是否满足要求。

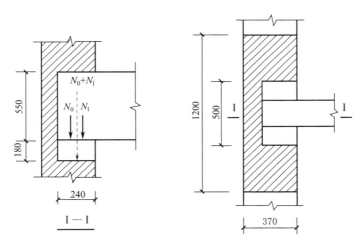

图 3-14　例3-7 图

[**解**]　垫块面积：$A_b = a_b \times b_b = 240 \times 500 = 120000 (\text{mm}^2)$

$$b + 2h = 500 + 2 \times 370 = 1240 (\text{mm}) > 1200 (\text{mm})$$

则 $A_0 = (b + 2h)h = 1200 \times 370 = 444000 (\text{mm}^2)$

砌体局部抗压强度提高系数：$\gamma = 1 + 0.35 \sqrt{\dfrac{A_0}{A_1} - 1} = 1 + 0.35 \sqrt{\dfrac{444000}{120000} - 1} = 1.58 < 2.0$

则垫块外砌体面积的有利影响系数：$\gamma_1 = 0.8\gamma = 0.8 \times 1.58 = 1.26 > 1.0$

上部荷载产生的平均压应力：$\sigma_0 = \dfrac{175 \times 10^3}{1200 \times 370} = 0.394 (\text{N/mm}^2)$

则 $\dfrac{\sigma_0}{f} = \dfrac{0.394}{1.5} = 0.263$，查表 3-8 得 $\delta_1 = 5.99$

则梁端有效支承长度：$a_0 = \delta_1 \sqrt{\dfrac{h_c}{f}} = 5.99 \times \sqrt{\dfrac{550}{1.5}} = 114.7 (\text{mm})$

梁端支承压力 N_1 到墙内边的距离为 $0.4a_0$，则梁端支承压力 N_1 对垫块重心的偏心距 e_1 为：

$$e_1 = \frac{a_b}{2} - 0.4a_0 = \frac{240}{2} - 0.4 \times 114.7 = 74.12(\text{mm})$$

垫块面积上由上部荷载设计值产生的轴向力：

$$N_0 = \sigma_0 A_b = 0.394 \times 120000 = 47280(\text{N}) = 47.28(\text{kN})$$

N_0 和 N_1 合力的偏心距：$e = \dfrac{N_1 e_1}{N_1 + N_0} = \dfrac{100 \times 74.12}{100 + 47.28} = 50.3(\text{mm})$

由 $\dfrac{e}{h} = \dfrac{50.3}{240} = 0.21$，$\beta \leqslant 3$，查表 3-4，得 $\varphi = 0.656$

垫块下局部受压承载力：

$$\varphi \gamma_1 f A_b = 0.656 \times 1.26 \times 1.5 \times 120000 = 148.8 \times 10^3(\text{N})$$
$$= 148.8(\text{kN}) > N_0 + N_1 = 47.28 + 100 = 147.28(\text{kN})$$

局部受压承载力满足要求。

3.3.5 梁端下设有长度大于 πh_0 的钢筋混凝土垫梁时砌体局部受压

当梁下设有长度大于 πh_0 的钢筋混凝土垫梁时，由于垫梁是柔性的，当垫梁置于墙上时，在屋面梁或楼面梁作用下，可看作为承受集中荷载的 "弹性地基" 上的无限长梁（图 3-15）。此时，"弹性地基" 的宽度为墙厚 h，按照弹性力学的平面应力问题求解方法，可得到梁下最大压应力为：

$$\sigma_{y\max} = 0.306 \sqrt[3]{\frac{Eh}{E_c I_c}} \frac{N_1}{b_b} \tag{3-45}$$

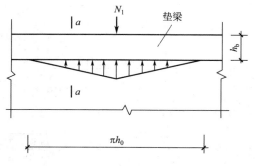
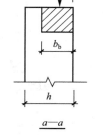

图 3-15　垫梁局部受压

当用三角压应力图形代替曲线压应力时，则有：

$$N_1 = \frac{1}{2} \pi b_b h_0 \sigma_{y\max} \tag{3-46}$$

将式（3-45）带入式（3-46），则得到垫梁的折算高度 h_0 为：

$$h_0 = 2.08 \sqrt[3]{\frac{E_b I_b}{Eh}} \approx 2 \sqrt[3]{\frac{E_b I_b}{Eh}} \tag{3-47}$$

式中　E_b，I_b——分别为垫梁的混凝土弹性模量和截面惯性矩；

$\qquad E$——砌体弹性模量；

$\qquad b_b$——垫梁宽度；

$\qquad h$——墙厚。

由于垫梁下应力不均匀，最大应力发生在局部范围内。根据试验，当为钢筋混凝土垫梁时，最大压应力 σ_{ymax} 与砌体抗压强度 f 之比为 $1.5\sim1.6$，当梁出现裂缝时，刚度降低，应力更为集中。建议取下式验算：

$$\sigma_{ymax}\leqslant1.5f \tag{3-48}$$

当考虑垫梁范围内上部荷载设计值产生的轴向力，对 σ_{ymax} 考虑沿墙厚不均匀系数 δ_2，则：

$$N_0+N_1\leqslant\delta_2\frac{\pi b_b h_0}{2}\times1.5f=2.355\delta_2 b_b h_0 f\approx2.4\delta_2 b_b h_0 f \tag{3-49}$$

《砌体结构设计规范》（GB 50003—2011）规定，梁下设有长度大于 πh_0 的钢筋混凝土垫梁下的砌体局部受压承载力按下式计算：

$$N_0+N_1\leqslant2.4\delta_2 f b_b h_0 \tag{3-50}$$

$$N_0=\frac{\pi b_b h_0\sigma_0}{2} \tag{3-51}$$

$$h_0=2\sqrt[3]{\frac{E_b I_b}{Eh}} \tag{3-52}$$

式中　N_0——垫梁上部轴向力设计值，N；

$\qquad b_b$——垫梁在墙厚方向的宽度，mm；

$\qquad \delta_2$——垫梁底面压应力分布系数，当荷载沿墙厚方向均匀分布时可取 1.0，不均匀分布时可取 0.8；

$\qquad h_0$——垫梁折算高度，mm；

$\qquad E_b$，I_b——分别为垫梁的混凝土弹性模量和截面惯性矩；

$\qquad E$——砌体弹性模量；

$\qquad h$——墙厚，mm。

➡ 例 3-8

已知条件同例 3-6，假设梁端支承压力设计值 $N_1=100$kN，在梁下设置钢筋混凝土垫梁，垫梁尺寸为 240mm×240mm，混凝土强度等级为 C20，$E_b=2.55\times10^4$MPa。验算垫梁下砌体局部受压承载力是否满足要求。

［解］　砌体的弹性模量为：$E=1600f=1600\times1.5=2400$（MPa）

垫梁的惯性矩为：$I_b=\dfrac{b_b h_b^3}{12}=\dfrac{240\times240^3}{12}=276480000$（mm^4）

垫梁的折算高度：$h_0 = 2\sqrt[3]{\dfrac{E_b I_b}{Eh}} = 2\sqrt[3]{\dfrac{2.55 \times 10^4 \times 276480000}{2400 \times 370}} = 399\,(\mathrm{mm})$

垫梁的轴向力设计值：$N_0 = \dfrac{\pi b_b h_0 \sigma_0}{2} = \dfrac{\pi \times 240 \times 399 \times 0.394}{2} = 59235\,(\mathrm{N}) \approx 59.2\mathrm{kN}$

$$N_0 + N_1 = 59.2 + 100 = 159.2\,(\mathrm{kN})$$

$2.4\delta_2 f b_b h_0 = 2.4 \times 0.8 \times 1.5 \times 240 \times 399 = 275789\,(\mathrm{N}) \approx 275.8\mathrm{kN} > N_0 + N_1 = 159.2\mathrm{kN}$
承载力满足要求。

3.4 轴心受拉、受弯和受剪构件承载力计算

3.4.1 轴心受拉构件

砌体的抗拉强度很低，工程中很少采用砌体轴心受拉构件。但如果圆形水池或筒仓（图 3-16）采用砌体，在侧向压力作用下，池壁或筒壁内产生环向拉力。

砌体轴心受拉构件的承载力应按下式计算：

$$N_t \leqslant f_t A \tag{3-53}$$

式中　N_t——轴心拉力设计值；

　　　f_t——砌体的轴心抗拉强度设计值，按表 2-11；

　　　A——截面面积。

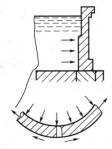

图 3-16　轴心受拉构件

> **➡ 例 3-9**

一圆形水池，壁厚 490mm，采用 MU10 烧结普通砖和 M7.5 水泥砂浆砌筑，池壁承受的最大环向拉力设计值按 70kN/m 计算，试验算池壁的受拉承载力。

[解]　由表 2-11，得 $f_t = 0.16\mathrm{MPa}$，因水泥砂浆强度等级 M7.5 > M5，$\gamma_a = 1.0$，取 1000mm 高池壁为计算单元，则：

$$f_t A = 0.16 \times 490 \times 1000 = 78.4 \times 10^3\,(\mathrm{N}) = 78.4\,(\mathrm{kN}) > 70\,(\mathrm{kN})$$

承载力满足要求。

3.4.2 受弯构件

砌体过梁、挡土墙、矩形水池壁属于受弯的砌体构件。在弯矩作用下砌体可能沿齿缝截面 [图 3-17(a)、(b)] 或通缝截面因弯曲受拉破坏 [图 3-17(c)]，应进行受弯承载力计算；此外，在支座处有时可能存在较大的剪力，还应进行相应的受剪承载力计算。

受弯承载力按下式计算：

$$M \leqslant f_{tm} W \tag{3-54}$$

式中　M——弯矩设计值；

　　　f_{tm}——砌体的弯曲抗拉强度设计值，按表 2-11 采用；

　　　W——截面抵抗矩。

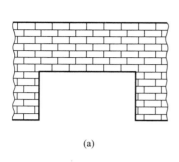 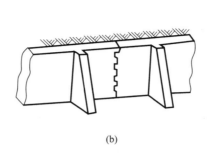 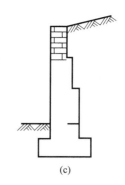

| (a) | (b) | (c) |

图 3-17 受弯构件

受弯构件的受剪承载力应按下式计算：

$$V \leqslant f_v b z \tag{3-55}$$

$$z = I/S \tag{3-56}$$

式中 V——剪力设计值；

f_v——砌体的抗剪强度设计值，按表 2-11 采用，对灌孔的混凝土砌块砌体取 f_{vg}；

b——截面宽度；

z——内力臂，当截面为矩形时，$z = \dfrac{2}{3}h$ （h 为截面高度）；

I——截面的惯性矩；

S——截面的面积矩。

➡ 例 3-10

一矩形浅水池，壁高 $H = 1.5\mathrm{m}$，见图 3-18。采用 MU10 烧结普通砖和 M10 水泥砂浆砌筑，壁厚为 620mm，不考虑池壁自重所产生的不大的垂直压力，水荷载分项系数取 $\gamma_G = 1.3$。试验算池壁承载力。图 3-18 中 γ 为水的重力密度，可取 $\gamma = 10\mathrm{kN/m^3}$。

[解] 池壁的受力情况如同固定于基础的悬臂板，取单位宽度（$b = 1000\mathrm{mm}$）的竖向板带，此板带按承受三角形水压，上端自由、下端固定的悬臂梁计算。取水的重力密度为 $\gamma = 10\mathrm{kN/m^3}$。

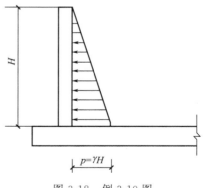

图 3-18 例 3-10 图

（1）受弯承载力计算

池壁底端弯矩为：

$$M = 1.3 \times \frac{1}{2}\gamma H^2 \times \frac{1}{3}H = 1.3 \times \frac{1}{2} \times 10 \times 1.5^2 \times \frac{1}{3} \times 1.5 = 7.31(\mathrm{kN \cdot m})$$

$$W = \frac{1}{6}bh^2 = \frac{1}{6} \times 1000 \times 620^2 = 64.07 \times 10^6(\mathrm{mm^3})$$

据表 2-11 得 $f_{tm} = 0.17\mathrm{MPa}$

$$f_{tm}W = 0.17 \times 64.07 \times 10^6 = 10.89 \times 10^6 (N \cdot mm) = 10.89 kN \cdot m > 7.31 kN \cdot m$$

受弯承载力满足要求。

（2）受剪承载力计算

池壁底端剪力为：

$$V = \frac{1}{2}pH^2 = \frac{1}{2} \times 1.3 \times 10 \times 1.5^2 = 16.43(kN)$$

$$f_v bz = 0.17 \times 1000 \div \frac{2}{3} \times 620 = 70.3 \times 10^3 (N) = 70.3 kN > V = 16.43 kN$$

受剪承载力满足要求。

3.4.3 受剪构件

工程实际中，砌体结构大量遇到的是剪压复合受力状态，单纯受剪的情况很少。例如图 3-19 所示，无拉杆的拱支座截面，同时受到拱的水平推力和竖向压力而处于复合受力状态。

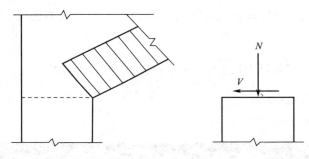

图 3-19 拱支座截面受剪

受剪构件的承载力按下式计算：

$$V \leqslant (f_v + \alpha\mu\sigma_0)A \tag{3-57}$$

$$\mu = 0.26 - 0.082\frac{\sigma_0}{f} \tag{3-58}$$

式中　V——剪力设计值；

　　　　A——水平截面面积，当有孔洞时，取净截面面积；

　　　　f_v——砌体抗剪强度设计值，对灌孔的混凝土砌块砌体取 f_{vg}；

　　　　α——修正系数，砖（含多孔砖）砌体取 0.6，混凝土砌块砌体取 0.64；

　　　　μ——剪压复合受力影响系数；

　　　　f——砌体的抗压强度设计值；

　　　　σ_0——永久荷载设计值产生的水平截面平均压应力，其值不应大于 $0.8f$。

➡ 例 3-11

验算图 3-20 所示拱座截面的受剪承载力。已知拱式过梁在拱座处的水平推力设计值为 $V=12kN$，作用于 1—1 截面上由永久荷载设计值产生的纵向力 $N=30kN$。受剪截面面积为

370mm×490mm，墙体用 MU10 烧结普通砖和 M2.5 水泥砂浆砌筑。

[解]   查表 2-3 得 $f=1.3\text{MPa}$，$f_v=0.08\text{MPa}$

$A=0.37\times0.49=0.1813(\text{m}^2)<0.3(\text{m}^2)$，取 $\gamma_a=0.7+0.1813=0.8813$

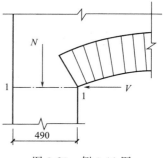

图 3-20   例 3-11 图

又因用 M2.5 水泥砂浆砌筑，则：

$$f=1.3\times0.9\times0.8813=1.031(\text{MPa})$$
$$f_v=0.08\times0.08\times0.8813=0.0564(\text{MPa})$$

$$\sigma_0=\frac{N}{A}=\frac{30\times10^3}{370\times490}=0.1655(\text{MPa})$$

$$\frac{\sigma_0}{f}=\frac{0.1655}{1.031}=0.161$$

$$\mu=0.26-0.082\frac{\sigma_0}{f}=0.26-0.082\times0.161=0.2468$$

$$(f_v+\alpha\mu\sigma_0)A=(0.0564+0.6\times0.2468\times0.1655)\times370\times490$$
$$=14.7\times10^3(\text{N})=14.7(\text{kN})>12(\text{kN})$$

承载力满足要求。

本章小结

3.1   我国砌体结构采用概率理论为基础的极限状态设计方法，对砌体结构除必须进行承载能力极限状态设计外，还应满足正常使用极限状态和耐久性极限状态的要求。一般情况下，砌体结构的正常使用极限状态和耐久性极限状态要求，可由有关构造措施保证。

3.2   无筋砌体受压构件，按照纵向压力作用位置的不同可分为轴心受压（$e=0$）和偏心受压（$e>0$）两种受力状态。根据构件的高厚比 β 又分为短柱（$\beta\leqslant3$）和长柱（$\beta>3$）两种形式。为简化计算，《砌体结构设计规范》（GB 50003—2011）引入了影响系数 φ 综合考虑偏心、长短柱的各自受力特点，使用统一公式进行受压承载力计算。

3.3   无筋砌体受压承载力计算公式的适用条件是 $e\leqslant0.6y$。当偏心距 e 过大，无筋砌体将出现过大的裂缝，受压承载力不高，是不经济的。当 $e>0.6y$ 时，应采取相应的措施。

3.4   砌体局部受压包括局部均匀受压和局部不均匀受压两种情况。由于"套箍强化"作用，在局部压力作用下，砌体的局部抗压强度较砌体的轴心抗压强度有较大的提高。

3.5   当梁端支承处的砌体局部受压承载力不满足要求时，应在梁端下的砌体内设置刚性垫块或垫梁。

3.6   砌体的轴心受拉、受弯、受剪强度均由砂浆与块体的黏结强度确定，和砌体的抗压强度相比低得多。对重要的受力构件或跨度较大的构件，不宜采用砌体承受拉力、弯矩和剪力。

思考题

3.1 结构的极限状态分为哪几类？

3.2 建筑结构应满足的功能要求有哪些？

3.3 什么是作用效应和结构抗力？

3.4 结构的失效概率和可靠概率的关系是什么？

3.5 砌体构件受压承载力计算中，系数 φ 表示什么意义？与哪些因素有关？

3.6 砌体受压短柱随着偏心距的增大，承载力是如何变化的？

3.7 受压构件偏心距的限值是多少？若设计中超过该规定的限值，应采取何种方法或措施？

3.8 T 形截面和十字形截面的折算厚度 h_T 如何计算？

3.9 砌体局部受压有哪些特点？为什么砌体局部受压时抗压强度有明显的提高？

3.10 什么是砌体局部抗压强度提高系数？与哪些因素有关？为什么规定了限值？

3.11 如何采用影响局部抗压强度的计算面积 A_0？

3.12 验算梁端支承处局部受压承载力时，为什么要考虑上部荷载折减？

3.13 什么是梁端的有效支承长度？如何计算？

3.14 当梁端支承处砌体局部受压承载力不满足要求时，可采取哪些措施？

3.15 刚性垫块应满足哪些构造要求？

3.16 如何计算砌体受弯构件的受剪承载力和砌体受剪构件的受剪承载力？

习 题

3.1 某轴心受压砖柱，柱的计算高度 $H_0=3.3\text{m}$，截面尺寸为 370mm×490mm，柱底承受轴向压力设计值 $N=240\text{kN}$（包括砖柱自重），采用 MU10 烧结普通砖和 M5 的混合砂浆砌筑，结构安全等级为二级，施工质量控制等级为 B 级。验算该柱底截面的受压承载力。

3.2 一轴心受压混凝土砌块独立柱，柱的计算高度 $H_0=3.9\text{m}$，截面尺寸为 400mm×600mm，柱底承受轴向压力设计值 $N=200\text{kN}$，采用强度等级为 MU10 的混凝土小型空心砌块及 Mb5 的混合砂浆错孔砌筑，结构安全等级为二级，施工质量控制等级为 B 级。试验算柱底截面是否安全。

3.3 一单排孔对孔砌筑的混过凝土小型空心砌块承重横墙，墙厚 190mm，计算高度 $H_0=3.6\text{m}$，采用 MU7.5 的混凝土小型空心砌块及 Mb7.5 的混合砂浆对孔砌筑，承受轴心荷载，试计算当施工质量控制等级分别为 A、B、C 级时，每米横墙所能承受的轴心压力设计值。

3.4 柱截面尺寸为 490mm×620mm，柱的长边和短边的计算高度为 $H_0=7\text{m}$，柱底承受轴向压力设计值 $N=280\text{kN}$，沿长边方向弯矩设计值 $M=10\text{kN·m}$，结构安全等级为二级，施工控制质量为 B 级。

（1）若采用 MU15 蒸压灰砂砖及 M2.5 水泥砂浆砌筑，验算该柱柱底受压承载力是否满足要求。

（2）采用 MU10 混凝土小型空心砌块及 Mb5 水泥砂浆砌筑，并采用 Cb20（f_c＝9.6MPa）混凝土灌孔，砌块的孔洞率为 45%，灌孔率 100%，验算该柱柱底受压承载力是否满足要求。

3.5　某单层单跨无吊车厂房纵墙窗间墙尺寸如图 3-21 所示。计算高度 H_0＝6m，采用 MU15 烧结普通砖及 M5 混合砂浆砌筑，结构安全等级为二级，施工控制质量为 B 级。承受弯矩设计值 M＝40kN·m，轴向力设计值 N＝400kN。偏心压力偏向壁柱一侧，验算柱的承载力能否满足要求。

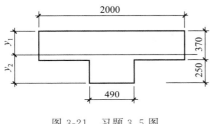

图 3-21　习题 3.5 图

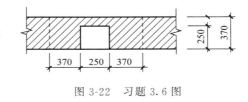

图 3-22　习题 3.6 图

3.6　一钢筋混凝土柱，截面尺寸为 250mm×250mm，支承于 370mm 宽的条形砖基础上，如图 3-22 所示，采用 MU10 烧结普通砖砖、M5 水泥砂浆砌筑，柱传至基础上的轴向力设计值 N＝150kN。计算柱下基础砌体的局部受压承载力。

3.7　房屋纵向窗间墙上有一跨度为 6m 的大梁，梁的截面尺寸为 200mm×550mm，支承长度 a＝240mm，支座反力 N_1＝120kN，梁底墙体截面处的上部荷载设计值为 260kN，如图 3-23 所示。窗间墙的截面为 1200mm×390mm，采用 MU10 单排孔轻骨料混凝土小型空心砌块，Mb5 水泥砂浆双排砌筑，试验算局部受压承载力。若不满足，试设计刚性垫块。

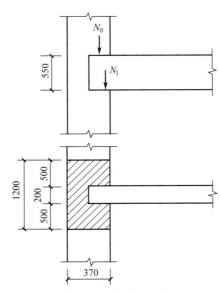

图 3-23　习题 3.7 图

3.8　一矩形浅水池，壁高 H＝1.2m，采用 MU10 烧结普通砖、M5 水泥砂浆砌筑，壁厚为 490mm，不考虑池壁自重所产生的垂直压力，水荷载分项系数取 γ_G＝1.3。验算水池壁承载力。

3.9　某砖拱过梁在拱座处的水平推力设计值 V＝16kN，受剪截面为 370mm×490mm，垂直压力设计值为 N＝22.5kN。采用 MU10 烧结普通砖砖、M5 水泥砂浆砌筑。验算拱支座处的受剪承载力。

第4章

配筋砌体构件承载力计算

> **导论**

　　本章叙述了网状配筋砖砌体构件、砖砌体和钢筋混凝土面层或钢筋砂浆面层的组合砌体构件、砖砌体和钢筋混凝土构造柱组合墙、配筋砌块砌体构件承载力的计算及相应的构造要求。

　　砌体中配有钢筋的砌体称为配筋砌体。配筋砌体可提高砌体结构的承载力，扩大砌体结构的应用范围。我国目前采用的配筋砌体结构有网状配筋砖砌体构件、砖砌体和钢筋混凝土面层或钢筋砂浆面层的组合砌体构件、砖砌体和钢筋混凝土构造柱组合墙、配筋砌块砌体构件。这些配筋砌体结构在计算和应用上有许多内在联系，且与钢筋混凝土结构的设计和计算方法密不可分。

4.1　网状配筋砖砌体构件

4.1.1　网状配筋砖砌体的受力性能

　　在砖砌体上作用轴向压力时，砖砌体不仅发生纵向压缩，而且也发生横向变形。试验证明，试件在破坏时两侧鼓出，如果能采用某种方法阻止砌体横向变形的发展，则构件能承受的轴向压力将大大提高。网状配筋砖砌体就能达到这个目的。

　　网状配筋砖砌体是将钢筋网片配置在块体间的水平灰缝中（图4-1），又称横向配筋砌体。网状配筋砖砌体在轴向压力作用下，由于钢筋、砂浆层与块体之间存在着摩擦和黏结力，钢筋被完全嵌固在灰缝内与砖砌体共同工作；当砖砌体纵向受压时，钢筋横向受拉，而钢筋的弹性模量比砌体大，变形相对小，可阻止砌体的横向变形发展，防止砌体因纵向裂缝

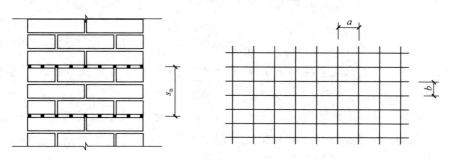

图 4-1　网状配筋砖砌体

的延伸而过早失稳破坏，从而间接地提高网状配筋砖砌体构件的承载能力，故这种配筋有时又称为间接配筋。试验表明，砌体与横向钢筋之间足够的黏结力是保证两者共同工作、充分发挥块体的抗压强度、提高砌体承载力的重要保证。砌体和这种横向钢筋的共同工作状态可一直维持到砌体完全破坏。

试验表明，网状配筋砖砌体在轴心压力作用下，从开始加荷到破坏，受力性能类似于无筋砖砌体，也可分为三个受力阶段，但其破坏特征和无筋砖砌体存在差别。

第一阶段：随着荷载的增加，在单块砖内出现第一批裂缝，此时的荷载约为 60%～75%的破坏荷载，较无筋砖砌体高。此阶段的受力性能和无筋砌体相同。

第二阶段：继续加载，纵向裂缝的数量增多，但发展很缓慢。由于受到横向钢筋的约束，很少出现贯通的纵向裂缝，这是与无筋砖砌体明显的不同之处。

第三阶段：当接近破坏时，砌体内的砖严重开裂或被压碎，最后导致砌体完全破坏，并且一般不会出现像无筋砌体那样被纵向裂缝分割成若干 1/2 砖的小砖柱而发生失稳破坏的现象，砖的强度得到充分的发挥，砌体的抗压强度有较大的提高。

4.1.2　网状配筋砖砌体的不适用情况

试验研究表明，网状配筋砌体偏心受压时，当偏心距较大时，网状钢筋的作用减小，砌体受压承载力提高有限。因此，在下列任一情况下不宜采用网状配筋砖砌体。

① 偏心距超过截面核心范围（对于矩形截面即 $e/h > 0.17$ 时）。

② 构件的高厚比 $\beta > 16$ 时。

4.1.3　网状配筋砖砌体的受压承载力计算

《砌体结构设计规范》（GB 50003—2011），网状配筋砖砌体受压构件的承载力应按下列公式计算：

$$N \leqslant \varphi_n f_n A \tag{4-1}$$

$$\varphi_n = \frac{1}{1 + 12\left[\dfrac{e}{h} + \sqrt{\dfrac{1}{12}\left(\dfrac{1}{\varphi_{0n}} - 1\right)}\right]^2} \tag{4-2}$$

$$\varphi_{0n} = \frac{1}{1 + (0.0015 + 0.45\rho)\beta^2} \tag{4-3}$$

$$f_n = f + 2\left(1 - \frac{2e}{y}\right)\rho f_y \tag{4-4}$$

$$\rho = \frac{(a+b)A_s}{abs_n} \tag{4-5}$$

式中　N——轴向力设计值；

　　　φ_n——高厚比和配筋率以及轴向力偏心距对网状配筋砖砌体受压构件承载力的影响系数，按式(4-2)计算或查表 4-1 采用；

A_s——钢筋的截面面积；

φ_{0n}——网状配筋砖砌体受压构件承载力的影响系数，按式(4-3)计算；

f_n——网状配筋砖砌体的抗压强度设计值，按式(4-4)计算；

A——截面面积；

e——轴向力的偏心距；

y——自截面重心至轴向力所在偏心方向截面边缘的距离；

f_y——钢筋抗拉强度设计值，当$f_y>320MPa$时，仍采用320MPa；

f——砖砌体抗压强度设计值；

ρ——体积配筋率，按式(4-5)计算；

a，b——钢筋网的网格尺寸；

s_n——钢筋网的竖向间距。

表 4-1 影响系数 φ_n

$\rho/\%$	β	e/h				
		0	0.05	0.10	0.15	0.17
0.1	4	0.97	0.89	0.78	0.67	0.63
	6	0.93	0.84	0.73	0.62	0.58
	8	0.89	0.78	0.67	0.57	0.53
	10	0.84	0.72	0.62	0.52	0.48
	12	0.78	0.67	0.56	0.48	0.44
	14	0.72	0.61	0.52	0.44	0.41
	16	0.67	0.56	0.47	0.40	0.37
0.3	4	0.96	0.87	0.76	0.65	0.61
	6	0.91	0.80	0.69	0.59	0.55
	8	0.84	0.74	0.62	0.53	0.49
	10	0.78	0.67	0.56	0.47	0.44
	12	0.71	0.60	0.51	0.43	0.40
	14	0.64	0.54	0.46	0.38	0.36
	16	0.58	0.49	0.41	0.35	0.32
0.5	4	0.94	0.85	0.74	0.63	0.59
	6	0.88	0.77	0.66	0.56	0.52
	8	0.81	0.69	0.59	0.50	0.46
	10	0.73	0.62	0.52	0.44	0.41
	12	0.65	0.55	0.46	0.39	0.36
	14	0.58	0.49	0.41	0.35	0.32
	16	0.51	0.43	0.36	0.31	0.29
0.7	4	0.93	0.83	0.72	0.61	0.57
	6	0.86	0.75	0.63	0.53	0.50
	8	0.77	0.66	0.56	0.47	0.43
	10	0.68	0.58	0.49	0.41	0.38
	12	0.60	0.50	0.42	0.36	0.33
	14	0.52	0.44	0.37	0.31	0.30
	16	0.46	0.38	0.33	0.28	0.26

续表

$\rho/\%$	β	e/h				
		0	0.05	0.10	0.15	0.17
0.9	4	0.92	0.82	0.71	0.60	0.56
	6	0.83	0.72	0.61	0.52	0.48
	8	0.73	0.63	0.53	0.45	0.42
	10	0.64	0.54	0.46	0.38	0.36
	12	0.55	0.47	0.39	0.33	0.31
	14	0.48	0.40	0.34	0.29	0.27
	16	0.41	0.35	0.30	0.25	0.24
1.0	4	0.91	0.81	0.70	0.59	0.55
	6	0.82	0.71	0.60	0.51	0.47
	8	0.72	0.61	0.52	0.43	0.41
	10	0.62	0.53	0.44	0.37	0.35
	12	0.54	0.45	0.38	0.32	0.30
	14	0.46	0.39	0.33	0.28	0.26
	16	0.39	0.34	0.28	0.24	0.23

网状配筋砖砌体受压构件计算时，还需要注意以下两点：

① 对矩形截面构件，当轴向力偏心方向的截面边长大于另一方向边长时，除按偏心压力计算外，还应对较小边长方向按轴心受压构件进行验算；

② 当网状配筋砖砌体构件下端与无筋砌体交接时，尚应验算无筋砌体的局部受压承载力。

4.1.4　网状配筋砖砌体的构造要求

为了使网状配筋砌体受压构件安全而可靠的工作，在满足承载力要求的前提下，还应满足下列构造要求：

① 研究表明，配筋率过小时，砌体的强度提高有限；若配筋率过大，钢筋的强度不能充分发挥。所以《砌体结构设计规范》（GB 50003—2011）规定，网状配筋砖砌体中的体积配筋率，不应小于 0.1%，并不应大于 1%。

② 由于钢筋网是放置在灰缝中的，考虑锈蚀的影响，设置较粗的钢筋有利；但钢筋直径大，灰缝厚度要增加，对砌体受力不利。因此，《规范》规定采用钢筋网时，钢筋的直径宜采用 3～4mm。

③ 钢筋网中钢筋的间距，不应大于 120mm，并不应小于 30mm。

④ 钢筋网的间距，不应大于五皮砖，并不应大于 400mm。

⑤ 网状配筋砖砌体所用砂浆的等级不应低于 M7.5；钢筋网应设置在砌体的水平灰缝中，灰缝厚度应保证钢筋上下至少各有 2mm 厚的砂浆层，以避免钢筋的锈蚀和提高钢筋与砖砌体的黏结力。

▶ 例 4-1

一轴心受压柱，截面尺寸为 490mm×490mm，计算高度 $H_0 = 4200$mm，承受轴向力设

计值为 $N = 500\text{kN}$，采用 MU10 烧结多孔砖和 M7.5 混合砂浆砌筑，试验算其受压承载力是否满足要求。若承载力不满足，确定采用网状配筋砌体的配筋量。

[解]　(1) 按无筋受压构件计算

查表 2-3 得　$f = 1.69\text{MPa}$

砖柱截面面积：$A = 0.49 \times 0.49 = 0.24(\text{m}^2) < 0.3\text{m}^2$，则 $\gamma_a = A + 0.7 = 0.24 + 0.7 = 0.94$

则：$f = 0.94 \times 1.69 = 1.589(\text{MPa})$

高厚比：$\beta = \dfrac{H_0}{h} = \dfrac{4200}{490} = 8.57 < 16$

$$\varphi = \frac{1}{1 + \alpha\beta^2} = \frac{1}{1 + 0.0015 \times 8.57^2} = 0.9$$

$N_u = \varphi f A = 0.9 \times 1.589 \times 0.24 \times 10^6 = 343224(\text{N}) = 343.2\text{kN} < N = 500\text{kN}$

故无筋砖柱受压承载力不足，需采用网状配筋砌体。

(2) 采用网状配筋砌体

网状钢筋选用 $\phi^b 4$ 冷拔低碳钢丝（乙级）焊接网片，$A_s = 12.6\text{mm}^2$，$f_y = 430\text{MPa}$，钢丝网格尺寸 $a = b = 50\text{mm}$，钢丝网间距 $s_n = 260\text{mm}$（四皮砖）。

因砖柱截面面积 $A = 0.24\text{m}^2 > 0.2\text{m}^2$，取 $\gamma_a = 1.0$

则取 $f = 1.69\text{MPa}$

由于 $f_y = 430\text{MPa} > 320\text{MPa}$，取 $f_y = 320\text{MPa}$

体积配筋率为：$\rho = \dfrac{(a+b)A_s}{abs_n} = \dfrac{(50+50) \times 12.6}{50 \times 50 \times 260} = 0.194\% > 0.1\%$ 且 $< 1\%$

网状配筋砖砌体的抗压强度设计值为：

$$f_n = f + 2\left(1 - 2\frac{e}{y}\right)\rho f_y = 1.69 + 2 \times \left(1 - 2 \times \frac{0}{490/2}\right) \times 0.194 \times 10^{-2} \times 320 = 2.93(\text{MPa})$$

高厚比：$\beta = \dfrac{H_0}{h} = \dfrac{4200}{490} = 8.57 < 16$

$$\varphi_n = \varphi_{0n} = \frac{1}{1 + (0.0015 + 0.45\rho)\beta^2} = \frac{1}{1 + (0.0015 + 0.45 \times 0.194 \times 10^{-2}) \times 8.57^2} = 0.852$$

$N_u = \varphi_n f_n A = 0.852 \times 2.93 \times 0.24 \times 10^6 = 599126(\text{N}) \approx 599.1\text{kN} > N = 500\text{kN}$

故受压承载力满足要求。

➜ 例 4-2

某网状配筋砖柱，截面尺寸为 $490\text{mm} \times 620\text{mm}$，柱的计算高度 $H_0 = 4.5\text{m}$，采用 MU10 烧结普通砖和 M7.5 水泥砂浆砌筑；网状钢筋采用 $\phi^b 4$ 冷拔低碳钢丝，$A_s = 12.6\text{mm}^2$，$f_y = 430\text{MPa}$，钢丝网格尺寸 $a = b = 40\text{mm}$，钢丝网间距 $s_n = 325\text{mm}$（五皮砖），承受轴向力设计值 $N = 200\text{kN}$，弯矩设计值 $M = 18\text{kN} \cdot \text{m}$（沿长边方向）。试验算其承载力是否满足要求。

[**解**]　(1) 沿长边方向偏心受压承载力

偏心距：$e = \dfrac{M}{N} = \dfrac{18 \times 10^6}{200 \times 10^3} = 90(\text{mm}) < 0.17h = 0.17 \times 620 = 105.4(\text{mm})$

高厚比：$\beta = \dfrac{H_0}{h} = \dfrac{4500}{620} = 7.26 < 16$

柱截面面积：$A = 0.49 \times 0.62 = 0.3(\text{m}^2) > 0.2(\text{m}^2)$，取 $\gamma_a = 1.0$。

查表 2-3 得　$f = 1.69\text{MPa}$

水泥砂浆砌筑，因强度等级大于 M5，$\gamma_a = 1.0$

则取 $f = 1.69\text{MPa}$

由于 $f_y = 430\text{MPa} > 320\text{MPa}$，取 $f_y = 320\text{MPa}$

配筋率：$\rho = \dfrac{(a+b)A_s}{abs_n} = \dfrac{(40+40) \times 12.6}{40 \times 40 \times 325} = 0.194\% > 0.1\%$ 且 $< 1\%$

网状配筋砖砌体的抗压强度设计值 f_n 为：

$$f_n = f + 2\left(1 - 2\dfrac{e}{y}\right)\rho f_y = 1.69 + 2 \times \left(1 - 2 \times \dfrac{90}{620/2}\right) \times 0.194 \times 10^{-2} \times 320 = 2.21(\text{MPa})$$

$$\varphi_{0n} = \dfrac{1}{1 + (0.0015 + 0.45\rho)\beta^2} = \dfrac{1}{1 + (0.0015 + 0.45 \times 0.194 \times 10^{-2}) \times 7.26^2} = 0.89$$

$$\varphi_n = \dfrac{1}{1 + 12\left[\dfrac{e}{h} + \sqrt{\dfrac{1}{12}\left(\dfrac{1}{\varphi_{0n}} - 1\right)}\right]^2} = \dfrac{1}{1 + 12 \times \left[\dfrac{90}{620} + \sqrt{\dfrac{1}{12} \times \left(\dfrac{1}{0.89} - 1\right)}\right]^2} = 0.578$$

$$N_u = \varphi_n f_n A = 0.578 \times 2.21 \times 0.3 \times 10^6 = 383214(\text{N}) \approx 383.2(\text{kN}) > N = 200(\text{kN})$$

故偏心方向受压承载力满足要求。

(2) 沿短边方向轴心受压承载力

高厚比：$\beta = \dfrac{H_0}{h} = \dfrac{4500}{490} = 9.18 < 16$

$$\varphi = \varphi_{0n} = \dfrac{1}{1 + (0.0015 + 0.45\rho)\beta^2} = \dfrac{1}{1 + (0.0015 + 0.45 \times 0.194 \times 10^{-2}) \times 9.18^2} = 0.833$$

网状配筋砖砌体的抗压强度设计值 f_n 为：

$$f_n = f + 2\left(1 - 2\dfrac{e}{y}\right)\rho f_y = 1.69 + 2 \times \left(1 - 2 \times \dfrac{0}{490/2}\right) \times 0.194 \times 10^{-2} \times 320 = 2.93(\text{MPa})$$

$$N_u = \varphi_n f_n A = 0.833 \times 2.93 \times 0.3 \times 10^6 = 732207(\text{N}) \approx 732.2(\text{kN}) > N = 200(\text{kN})$$

短边方向轴心承载力满足要求。

4.2　组合砖砌体构件

4.2.1　组合砖砌体构件的受压性能

当无筋砌体受压承载力不足而截面尺寸又受到限制，或轴向力的偏心距较大（$e > 0.6y$），宜采用砖砌体和钢筋混凝土（或钢筋砂浆）面层组成的组合砖砌体，见图4-2。在组合砖砌体中，砖可吸收混凝土（或砂浆）中多余的水分，使混凝土（或砂浆）的早期强度较高，而在构件中提前发挥受力作用。

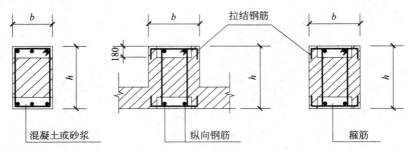

图 4-2　组合砖砌体构件截面

试验研究表明，组合砖砌体构件在轴心压力作用下，首批裂缝发生在砌体与混凝土或砂浆面层的连接处；当压力增大后，砖砌体内产生竖向裂缝，由于受到面层的横向约束而发展较缓慢；最后，组合砖砌体内的砖和混凝土或砂浆面层被压碎或脱落，竖向钢筋在箍筋范围内压屈，组合砖砌体完全破坏。

组合砖砌体受压时，由于面层的约束，砖砌体的受压变形能力增大，当组合砖砌体达到极限承载力时，其内砌体的强度还未充分利用。在有砂浆面层的情况下，组合砖砌体达到极限承载力时的压应变小于钢筋的屈服应变，其内受压钢筋的强度亦未充分利用。因此，《砌体结构设计规范》（GB 50003—2011）规定，受压钢筋的强度系数，当为混凝土面层时，$\eta_s=1.0$；当为砂浆面层时，$\eta_s=0.9$。

4.2.2　组合砖砌体构件的受压承载力计算

4.2.2.1　轴心受压

组合砖砌体轴心受压构件承载力应按下式计算：

$$N \leqslant \varphi_{\text{com}}(fA + f_c A_c + \eta_s f'_y A'_s) \tag{4-6}$$

式中　φ_{com}——组合砖砌体构件的稳定系数，可按表4-2采用；

A——砖砌体的截面面积；

f_c——混凝土或面层水泥砂浆的轴心抗压强度设计值（砂浆的轴心抗压强度设计值可取同等级混凝土的轴心抗压强度设计值的70%，当砂浆为M15时，取5.0MPa；当砂浆为M10时，取3.4MPa；当砂浆为M7.5时；取2.5MPa）；

A_c——混凝土或砂浆面层的截面面积；

η_s——受压钢筋的强度系数（当为混凝土面层时，$\eta_s=1.0$；当为砂浆面层时，$\eta_s=0.9$）；

f'_y——钢筋的抗压强度设计值；

A'_s——受压钢筋的截面面积。

表 4-2　组合砖砌体构件的稳定系数 φ_{com}

高厚比 β	配筋率 ρ/%					
	0	0.2	0.4	0.6	0.8	≥1.0
8	0.91	0.93	0.95	0.97	0.99	1.00
10	0.87	0.90	0.92	0.94	0.96	0.98
12	0.82	0.85	0.88	0.91	0.93	0.95
14	0.77	0.80	0.83	0.86	0.89	0.92
16	0.72	0.75	0.78	0.81	0.84	0.87
18	0.67	0.70	0.73	0.76	0.79	0.81
20	0.62	0.65	0.68	0.71	0.73	0.75
22	0.58	0.61	0.64	0.66	0.68	0.70
24	0.54	0.57	0.59	0.61	0.63	0.65
26	0.50	0.52	0.54	0.56	0.58	0.60
28	0.46	0.48	0.50	0.52	0.54	0.56

注：组合砖砌体构件截面的配筋率 $\rho = A_s' / (bh)$。

4.2.2.2　偏心受压

组合砖砌体偏心受压时，其受力和变形性能与钢筋混凝土偏压构件类似。因此，在分析组合砖砌体构件偏心受压的附加偏心距、钢筋应力和截面受压区高度限制等时采用与钢筋混凝土偏心受压构件相类似的方法。

如图 4-3 所示，按截面的静力平衡条件，组合砖砌体偏心受压构件承载力按下列公式计算：

$$N \leqslant f A' + f_c A_c' + \eta_s f_s' A_s' - \sigma_s A_s \qquad (4-7)$$

或
$$N e_N \leqslant f S_s + f_c S_{c,s} + \eta_s f_y' A_s' (h_0 - a_s') \qquad (4-8)$$

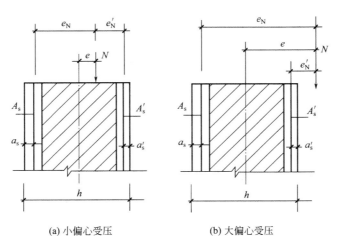

(a) 小偏心受压　　　　　　　　(b) 大偏心受压

图 4-3　组合砖砌体偏心受压构件

此时受压区高度 x 可按下列公式计算：

$$f S_N + f_c S_{c,N} + \eta_s f_y' A_s' e_N' - \sigma_s A_s e_N = 0 \qquad (4-9)$$

$$e_N = e + e_a + (h/2 - a_s) \tag{4-10}$$

$$e'_N = e + e_a - (h/2 - a'_s) \tag{4-11}$$

$$e_a = \frac{\beta^2 h}{2200}(1 - 0.022\beta) \tag{4-12}$$

式中　A'——砖砌体受压部分的面积；

　　　A'_c——混凝土或砂浆面层受压部分的面积；

　　　σ_s——钢筋 A_s 的应力；

　　　A_s——据轴向力 N 较远侧钢筋的截面面积；

　　　S_s——砖砌体受压部分的面积对钢筋 A_s 重心的面积矩；

　　$S_{c,s}$——混凝土或砂浆面层受压部分的面积对钢筋 A_s 重心的面积矩；

　　　S_N——砖砌体受压部分的面积对轴向力 N 作用点的面积矩；

　　$S_{c,N}$——混凝土或砂浆面层受压部分的面积对轴向力 N 作用点的面积矩；

e_N，e'_N——分别为钢筋 A_s 和 A'_s 重心至轴向力 N 作用点的距离；

　　　　e——轴向力的初始偏心距，按荷载设计值计算，当 $e < 0.05h$ 时，应取 $e = 0.05h$；

　　　e_a——组合砖砌体构件在轴向力作用下的附加偏心距；

　　　h_0——组合砖砌体构件截面的有效高度，取 $h_0 = h - a_s$；

a_s，a'_s——分别为钢筋 A_s 和 A'_s 重心至截面较近边的距离。

组合砖砌体中钢筋 A_s 的应力为 σ_s（单位为 MPa，正值为拉应力，负值为压应力）应按下列规定计算：

当为小偏心受压，即 $\xi > \xi_b$ 时，

$$\sigma_s = 650 - 800\xi \tag{4-13}$$

当为大偏心受压，即 $\xi \leqslant \xi_b$ 时，

$$\sigma_s = f_y \tag{4-14}$$

$$\xi = x/h_0 \tag{4-15}$$

式中　σ_s——钢筋 A_s 的应力，当 $\sigma_s > f_y$ 时，取 $\sigma_s = f_y$，当 $\sigma_s < f'_y$ 时，取 $\sigma_s = f'_y$；

　　　ξ——组合砖砌体构件截面受压区的相对高度；

　　　x——截面受压区高度；

　　　f_y——钢筋的抗拉强度设计值。

组合砖砌体构件受压区相对高度的界限值 ξ_b，当采用 HRB400 级钢筋时，取 $\xi_b = 0.36$；当采用 HRB335 级钢筋时，$\xi_b = 0.44$；当采用 HPB300 级钢筋时，取 $\xi_b = 0.47$。

对组合砖砌体，当纵向力偏心方向的截面边长大于另一方向的边长时，同样还应对较小边进行轴心受压验算。

4.2.3　组合砖砌体构件的构造要求

组合砖砌体由砌体和混凝土（或砂浆）面层组成，为了保证它们之间有良好的整体性和共同工作能力，应符合下列构造要求：

① 面层混凝土等级宜采用 C20，面层水泥砂浆强度等级不宜低于 M10，砌筑砂浆等级不宜低于 M7.5。

② 当采用砂浆面层的组合砖砌体时，砂浆面层不能太薄，也不宜太厚。如果砂浆面层太薄，难以保证保护层的厚度。一般砂浆面层的厚度可采用 30～45mm。当面层厚度大于 45mm 时，其面层宜采用混凝土。

③ 竖向受力钢筋宜采用 HPB300 级钢筋，对于混凝土面层，因混凝土的受力性能和变形性能较砂浆面层好，也可采用 HRB335 级钢筋。受压钢筋一侧的配筋率，对砂浆面层不宜小于 0.1%，对混凝土面层不宜小于 0.2%。受拉钢筋的配筋率不应小于 0.1%。竖向受力钢筋的直径不应小于 8mm，钢筋的净间距不应小于 30mm。

④ 箍筋的直径，不宜小于 4mm 及 0.2 倍的受压钢筋直径，并且不宜大于 6mm；箍筋的间距，不应大于 20 倍受压钢筋的直径及 500mm，也不应小于 120mm。

⑤ 当组合砖砌体构件一侧的受力钢筋多于 4 根时，应设置附加箍筋或拉结钢筋。

⑥ 对于截面长、短边相差较大的构件，如墙体等，应采用穿通墙体的拉结钢筋作为箍筋，同时设置水平分布钢筋。水平分布钢筋的竖向间距及拉结钢筋的水平间距均不应大于 500mm（图 4-4）。

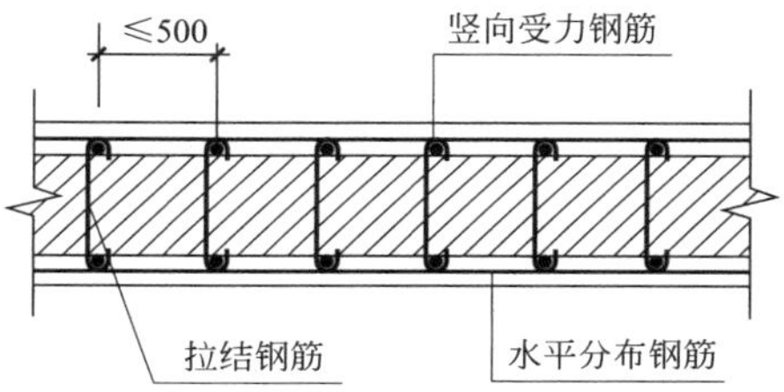

图 4-4　混凝土或砂浆面层组合墙

⑦ 组合砖砌体构件的顶部及底部以及牛腿部位，必须设置钢筋混凝土垫块。竖向受力钢筋伸入垫块的长度必须满足锚固要求。

例 4-3

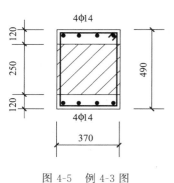

图 4-5　例 4-3 图

如图 4-5 所示截面尺寸为 370mm×490mm 的组合砖柱承受轴向力，柱的计算高度 $H_0 = 6.0$m，采用 MU10 烧结普通砖、M7.5 混合砂浆。采用 120mm 厚 C25（$f_c = 11.9$MPa）混凝土面层，HPB300 级钢筋（$f_y' = 270$MPa），每侧配置受压钢筋 4φ14（$A_s' = 615$mm²）。试计算组合砖柱受压承载力。

[解]　查表 2-3 得 $f = 1.69$MPa

砖砌体截面面积：

$A = 0.25 \times 0.37 = 0.093(\text{m}^2) < 0.2(\text{m}^2)$，则 $\gamma_a = 0.8 + A = 0.8 + 0.093 = 0.893$

则 $f = \gamma_a f = 0.893 \times 1.69 = 1.51$MPa

混凝土面层面积：$A_c = 370 \times 120 \times 2 = 88800(\text{mm}^2)$

全部受压钢筋的截面面积：$A_s' = 615 \times 2 = 1230(\text{mm}^2)$

配筋率：$\rho = \dfrac{A_s'}{bh} = \dfrac{1230}{490 \times 370} \times 100\% = 0.68\%$

高厚比：$\beta=\dfrac{H_0}{h}=\dfrac{6000}{370}=16.2$

查表 4-2 得，$\varphi_{\text{com}}=0.817$

组合砖柱受压承载力设计值为：

$$\begin{aligned}
N_{\text{u}}&=\varphi_{\text{com}}(fA+f_cA_c+\eta_sf'_yA'_s)\\
&=0.817\times(1.51\times250\times370+11.9\times88800+1\times270\times1230)\times10^{-3}\\
&=1248.8(\text{kN})
\end{aligned}$$

4.3　砖砌体和钢筋混凝土构造柱组合墙

当砖砌体墙受压承载力不满足要求，又受截面尺寸限制时，可在墙体中设置一定数量的钢筋混凝土构造柱，形成砖砌体和钢筋混凝土构造柱组合墙，如图 4-6 所示。

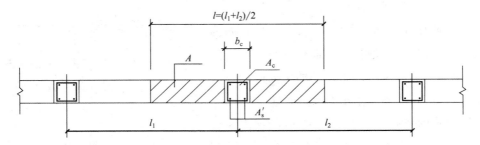

图 4-6　砖砌体和钢筋混凝土构造柱组合墙截面

4.3.1　组合墙的受力性能

砖砌体和钢筋混凝土构造柱组成的组合砖墙在使用阶段，构造柱和砖墙具有良好的整体工作性能。在竖向荷载作用下，由于砖砌体和钢筋混凝土的弹性模量不同，砖砌体和钢筋混凝土构造柱之间将发生内力重分布，构造柱直接分担作用于墙体的荷载，墙体承担的荷载减少。此外，砌体中的圈梁与构造柱组成的"弱框架"对砌体有一定的约束作用，不但可提高墙体的承载能力，而且可增加墙体的受压稳定性。同时，试验与分析表明，构造柱的间距是影响组合砖墙承载力最主要的因素，组合墙的受压承载力随着构造柱间距的减小而明显增加，构造柱间距为 2m 左右时，构造柱的作用得到充分发挥。构造柱间距较大时，它约束砌体横向变形的能力减弱，当间距大于 4m 时，构造柱对组合墙受压承载力的影响已非常小。

4.3.2　组合墙的受压承载力计算

4.3.2.1　轴心受压承载力计算

砖砌体和钢筋混凝土构造柱组合墙的轴心受压承载力，可按下列公式计算：

$$N\leqslant\varphi_{\text{com}}[fA+\eta(f_cA_c+f'_yA'_s)]\tag{4-16}$$

$$\eta=\left[\cfrac{1}{\cfrac{l}{b_{\mathrm{c}}}-3}\right]^{\frac{1}{4}} \qquad (4\text{-}17)$$

式中　φ_{com}——组合砖墙的稳定系数，按表 4-2 采用；

　　　　η——强度系数，当 $l/b_{\mathrm{c}}<4$ 时，取 $l/b_{\mathrm{c}}=4$；

　　　　l——沿墙长方向构造柱的间距；

　　　　b_{c}——沿墙长方向构造柱的宽度；

　　　　A——扣除孔洞和构造柱的砖砌体截面面积；

　　　　A_{c}——混凝土构造柱截面面积；

4.3.2.2　偏心受压承载力计算

砖砌体和钢筋混凝土构造柱组合墙偏心受压承载力的计算方法与钢筋混凝土面层组合砖砌体相同，但截面宽度应改为构造柱间距 l；大偏心受压时，可不计算受压区构造柱混凝土和钢筋的作用。构造柱的配筋计算应满足 4.3.3 规定的要求。

4.3.3　组合墙的构造要求

砖砌体和钢筋混凝土构造柱组合墙的材料和构造应符合下列要求：

① 砂浆强度等级不应低于 M5，构造柱的混凝土强度等级不宜低于 C20。

② 构造柱的截面尺寸不宜小于 240mm×240mm，其厚度不应小于墙厚，边柱、角柱的截面宽度宜适当加大。柱内竖向受力钢筋，对于中柱，钢筋数量不宜少于 4 根、直径不宜小于 12mm；对于边柱、角柱，钢筋数量不宜少于 4 根、直径不宜小于 14mm。构造柱的竖向受力钢筋的直径也不宜大于 16mm，其箍筋，一般部位宜采用直径 6mm、间距 200mm，楼层上下 500mm 范围内宜采用直径 6mm、间距 100mm。构造柱的竖向受力钢筋应在基础梁和楼层圈梁中锚固，并应符合受拉钢筋的锚固要求。

③ 组合砖墙砌体结构房屋，应在纵横墙交接处、墙端部和较大洞口的洞边设置构造柱，其间距不宜大于 4m。各层洞口宜设置在相应位置，并宜上下对齐。

④ 组合砖墙砌体结构房屋应在基础顶面、有组合墙的楼层处设置现浇钢筋混凝土圈梁。圈梁的截面高度不宜小于 240mm；纵向钢筋不宜小于 4φ12mm，纵向钢筋应伸入构造柱内，并应符合受拉钢筋的锚固要求；圈梁的箍筋直径宜采用 6mm、间距 200mm。

⑤ 砖砌体与构造柱的连接处应砌成马牙槎，并应沿墙高每隔 500mm 设 2 根直径 6mm 的拉结钢筋，且每边伸入墙内不宜小于 600mm。

⑥ 构造柱可不单独设置基础，但应伸入室外地坪下 500mm，或与埋深小于 500mm 的基础梁相连。

⑦ 组合砖墙的施工过程应为先砌墙后浇混凝土构造柱。

> **例 4-4**

一组合砖砌体和钢筋混凝土构造柱组合墙，墙厚 240mm，计算高度 $H_0=3\mathrm{m}$，采用 MU15 蒸压灰砂砖、M7.5 混合砂浆，$f_{\mathrm{c}}=2.07\mathrm{N/mm^2}$，施工质量控制等级 B 级。沿墙每隔

1.5m 设置一根截面尺寸为 240mm×240mm 的构造柱，混凝土为 C20（$f_c=9.6\text{N/mm}^2$），配置 HPB300 级钢筋，钢筋为 4φ12mm（$A'_s=452\text{mm}^2$）。计算每米长度上组合墙体的轴心受压承载力。

[**解**] 已知：$l=1500\text{mm}$，$b_c=240\text{mm}$，则

$$\frac{l}{b_c}=\frac{1500}{240}=6.25>4$$

则 $\eta=\left(\dfrac{1}{\dfrac{l}{b_c}-3}\right)^{\frac{1}{4}}=\left(\dfrac{1}{6.25-3}\right)^{\frac{1}{4}}=0.745$

配筋率：$\rho=\dfrac{A'_s}{bh}=\dfrac{452}{240\times240}=0.008=0.8\%$

高厚比：$\beta=\dfrac{H_0}{h}=\dfrac{3000}{240}=12.5$

查表 4-2 得，$\varphi_{com}=0.92$

混凝土构造柱截面面积：$A_c=240\times240=57600(\text{mm}^2)$

砖砌体净截面面积：$A=b_cl-A_c=240\times1500-57600=302400(\text{mm}^2)$

$$\begin{aligned}N_u&=\varphi_{com}[fA+\eta(f_cA_c+f'_yA'_s)]\\&=0.92\times[2.07\times302400+0.745\times(9.6\times57600+270\times452)]\times10^{-3}\\&=1038.5(\text{kN})\end{aligned}$$

则每米长的承载力：$N_u=\dfrac{1038.5}{1.5}=692.4(\text{kN/m})$

4.4 配筋砌块砌体构件

在混凝土空心砌块砌体的竖向孔洞中配置竖向钢筋，并用混凝土灌孔注芯，同时在砌体的水平灰缝内设置水平钢筋，竖向钢筋和水平钢筋使砌块砌体形成一个共同工作的整体，即形成配筋砌块砌体构件，如配筋砌块砌体剪力墙或柱（图 4-7）。配筋砌块砌体在受力模式上类同于混凝土剪力墙构件，配筋砌块构件承受结构的竖向和水平作用，是结构的承重和抗侧力构件。由于配筋砌块砌体构件具有较高的承载力和较好的延性，可用于大开间和高层建

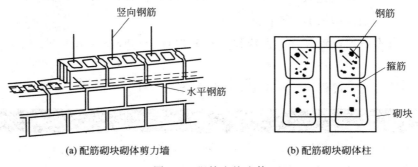

(a) 配筋砌块砌体剪力墙　　　　(b) 配筋砌块砌体柱

图 4-7　配筋砌块砌体

筑结构中。对配筋砌块砌体剪力墙结构可按弹性方法计算内力与位移，然后根据结构分析所得的内力，分别按轴心受压、偏心受压或偏心受拉构件进行正截面承载力和斜截面承载力计算，并应根据结构分析所得的位移进行变形验算。以下简单介绍配筋砌块砌体的构造要求及承载力计算。

4.4.1　正截面受压承载力计算

4.4.1.1　轴心受压

由于配筋砌块砌体剪力墙、柱在轴心压力作用下的受力性能与钢筋混凝土轴心受压构件基本相近，因此，根据试验研究和工程实践，《砌体结构设计规范》（GB 50003—2011）规定轴心受压配筋砌块砌体剪力墙、柱，当配有箍筋或水平分布钢筋时，其正截面受压承载力应按下列公式计算：

$$N \leqslant \varphi_{0g}(f_g A + 0.8 f'_y A'_s) \tag{4-18}$$

$$\varphi_{0g} = \frac{1}{1 + 0.001 \beta^2} \tag{4-19}$$

式中　N——轴向力设计值；

φ_{0g}——轴心受压构件的稳定系数；

f_g——灌孔砌块砌体的抗压强度设计值，按式（2-4）计算；

A——构件的截面面积；

f'_y——钢筋抗压强度设计值；

A'_s——全部竖向钢筋的截面面积；

β——构件的高厚比。

注：1. 无箍筋或水平分布筋时，仍按式（4-18）和式（4-19）计算，但应取 $f'_y A'_s = 0$；

2. 配筋砌块砌体构件的计算高度 H_0 应取层高。

4.4.1.2　偏心受压

矩形截面偏心受压配筋砌块砌体剪力墙依据偏心距的大小，分别进行大偏心受压和小偏心受压两种计算。

（1）大小偏心受压界限

当 $x \leqslant \xi_b h_0$ 时，为大偏心受压；

当 $x > \xi_b h_0$ 时，为小偏心受压。

其中　x——截面受压区高度；

h_0——截面有效高度；

ξ_b——界限相对受压区高度，对 HPB300 级钢筋取为 0.57，对 HRB335 级钢筋取为 0.55，对 HRB400 级钢筋取为 0.52。

（2）大偏心受压承载力计算

矩形截面大偏心受压配筋砌块砌体破坏时截面上的应力状态如图 4-8（a）所示。其大偏心受压正截面承载力应按下列公式计算：

$$N \leqslant f_g b x + f'_y A'_s - f_y A_s - \sum f_{si} A_{si} \tag{4-20}$$

$$Ne_N \leqslant f_g bx(h_0 - x/2) + f'_y A'_s(h_0 - a'_s) - \sum f_{si} S_{si} \qquad (4\text{-}21)$$

式中　N——轴向力设计值；

　　　f_g——灌孔砌体的抗压强度设计值；

　f_y，f'_y——竖向受拉、受压主筋的强度设计值；

　　　b——配筋砌块砌体剪力墙截面宽度；

　　　f_{si}——竖向分布钢筋的抗拉强度设计值；

　A_s，A'_s——竖向受拉、受压主筋的截面面积；

　　　A_{si}——单根竖向分布钢筋的截面面积；

　　　S_{si}——第 i 根竖向分布钢筋对竖向受拉主筋的面积矩；

　　　e_N——轴向力作用点到竖向受拉主筋合力点之间的距离，按式(4-10) 计算；

　　　a'_s——受压区纵向钢筋合力点至截面受压区边缘的距离，对 T 形、L 形、工字形截面，当翼缘受压时取 100mm，其他情况取 300mm。

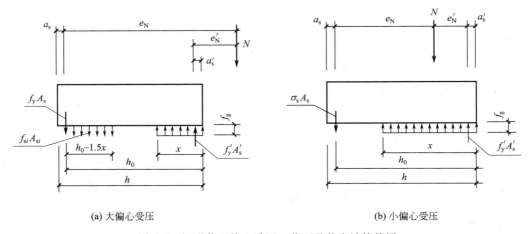

(a) 大偏心受压　　　　　　　　　　　(b) 小偏心受压

图 4-8　矩形截面偏心受压正截面承载力计算简图

当大偏心受压计算的受压区高度 $x < 2a'_s$ 时，由于受压钢筋距离中性轴太近，难以达到抗压设计强度，此时其承载力可按下列公式计算：

$$Ne'_N \leqslant f_y A_s(h_0 - a'_s) \qquad (4\text{-}22)$$

式中　e'_N——轴向力作用点到竖向受压主筋合力点之间的距离，按式(4-11) 计算。

（3）小偏心受压承载力计算

矩形截面小偏心受压配筋砌块砌体破坏时，截面上的应力状态如图 4-8(b) 所示。小偏心受压构件不考虑竖向分布钢筋的作用。其小偏心受压正截面承载力应按下列公式计算：

$$N \leqslant f_g bx + f'_y A' - \sigma_s A_s \qquad (4\text{-}23)$$

$$Ne_N \leqslant f_g bx(h_0 - x/2) + f'_y A'(h_0 - a'_s) \qquad (4\text{-}24)$$

$$\sigma_s = \frac{f_y}{\xi_b - 0.8}\left(\frac{x}{h_0} - 0.8\right) \qquad (4\text{-}25)$$

在承载力计算时应注意，无论是大偏心受压还是小偏心受压，当受压区竖向主筋无箍筋或无水平分布筋约束时，可不考虑竖向受压主筋的作用，即取 $f'_y A'_s = 0$。

矩形截面对称配筋砌块砌体小偏心受压时，也可近似按下式计算钢筋截面面积：

$$A_s = A'_s = \frac{Ne_N - \xi(1-0.5\xi)f_g bh_0^2}{f'_y(h_0 - a'_s)} \tag{4-26}$$

$$\xi = \frac{x}{h_0} = \frac{N - \xi_b f_g bh_0}{\dfrac{Ne_N - 0.43 f_g bh_0^2}{(0.8-\xi_b)(h_0-a'_s)} + f_g bh_0} + \xi_b \tag{4-27}$$

4.4.2 斜截面受剪承载力计算

4.4.2.1 剪力墙的斜截面要求

剪力墙的截面，应满足下列要求：

$$V \leqslant 0.25 f_g bh_0 \tag{4-28}$$

式中 V——剪力墙的剪力设计值；

b——剪力墙的截面宽度或 T 形、倒 L 形截面的腹板宽度；

h_0——剪力墙截面的有效高度；

f_g——灌孔砌体的抗压强度设计值。

4.4.2.2 偏心受压斜截面受剪承载力

配筋砌块剪力墙在偏心受压时的斜截面受剪承载力，应按下列公式计算：

$$V \leqslant \frac{1}{\lambda - 0.5}\left(0.6 f_{vg}bh_0 + 0.12N\frac{A_W}{A}\right) + 0.9 f_{yh}\frac{A_{sh}}{s}h_0 \tag{4-29}$$

$$\lambda = \frac{M}{Vh_0} \tag{4-30}$$

式中 f_{vg}——灌孔砌块砌体的抗剪强度设计值，按式(2-9) 计算；

M，N，V——计算截面的弯矩、轴向力和剪力设计值，当 $N \geqslant 0.25 f_g bh$ 时，取 $N = 0.25 f_g bh$；

A——剪力墙的截面面积；

A_W——T 形或倒 L 形截面腹板的截面面积，对矩形截面取 $A_W = A$；

λ——计算截面剪跨比，当 $\lambda < 1.5$ 时取 1.5，当 $\lambda \geqslant 2.2$ 时取 2.2；

h_0——剪力墙截面的有效高度；

A_{sh}——配置在同一截面内的水平分布钢筋的全部截面面积；

s——水平分布钢筋的竖向间距；

f_{yh}——水平分布钢筋抗拉强度设计值。

4.4.2.3 偏心受拉斜截面受剪承载力

剪力墙在偏心受拉时的斜截面受剪承载力，应按下列公式计算：

$$V \leqslant \frac{1}{\lambda - 0.5}\left(0.6 f_{vg}bh_0 - 0.22N\frac{A_W}{A}\right) + 0.9 f_{yh}\frac{A_{sh}}{s}h_0 \tag{4-31}$$

式中 N——轴向拉力设计值。

4.4.3 配筋砌块砌体剪力墙的构造要求

4.4.3.1 钢筋

（1）钢筋的规格

① 钢筋的直径不宜大于 25mm，当设置在灰缝中时不应小于 4mm，在其他部位不应小于 10mm；

② 配置在孔洞或空腔中的钢筋面积不应大于孔洞或空腔面积的 6%。

（2）钢筋的设置

① 设置在灰缝中钢筋的直径不宜大于灰缝厚度的 1/2。

② 两平行钢筋间的净距不宜小于 50mm。

③ 对于柱和壁柱中的竖向净距不宜小于 40mm（包括接头处钢筋间的净距）。

（3）钢筋的锚固

① 当计算中充分利用竖向受拉钢筋强度时，其锚固长度 l_a，对 HRB335 级钢筋不宜小于 30d，对 HRB400 和 RRB400 级钢筋不宜小于 35d，在任何情况下钢筋（包括钢筋网片）锚固长度不应小于 300mm。

② 竖向受拉钢筋不应在受拉区截断，如必须截断时，应延伸至按正截面受弯承载力计算不需要该钢筋的截面以外，延伸的长度不应小于 20d。

③ 竖向受压钢筋在跨中截断时，必须延伸至按计算不需要该钢筋截面以外，延伸的长度不应小于 20d；对绑扎骨架中末端无弯钩的钢筋，不应小于 25d。

④ 钢筋骨架中的受力光圆钢筋，应在钢筋末端做弯钩，在焊接骨架、焊接网以及轴心受压构件中，可不做弯钩；绑扎骨架中的受力变形带肋钢筋，在钢筋的末端不做弯钩。

⑤ 在凹槽砌块混凝土带中钢筋的锚固长度不宜小于 30d，且其水平或垂直弯折段的长度不宜小于 15d 和 200mm；钢筋的搭接长度不宜小于 35d。

⑥ 在砌体水平灰缝中，钢筋的锚固长度不宜小于 50d，且其水平或垂直弯折段的长度不宜小于 20d 和 250mm；钢筋的搭接长度不宜小于 55d。

⑦ 在隔皮或错缝搭接的灰缝中钢筋的锚固长度为 55$d+2h$，d 为灰缝受力钢筋的直径，h 为水平灰缝的间距。

（4）钢筋的接头

对于直径大于 22mm 的钢筋宜采用机械连接接头，接头的质量应符合国家现行有关标准的规定。其他直径的钢筋可采用搭接接头，并应符合下列要求：

① 钢筋的接头位置宜设置在受力较小处；

② 受拉钢筋的搭接接头长度不应小于 1.1l_a，受压钢筋的搭接接头长度不应小于 0.7l_a，且不应小于 300mm；

③ 当相邻接头钢筋的间距不大于 75mm 时，其搭接接头长度应为 1.2l_a。当钢筋间的接头错开 20d 时，搭接长度可不增加。

4.4.3.2　配筋砌块砌体剪力墙、连梁

（1）配筋砌块砌体剪力墙、连梁的材料的强度等级和截面尺寸

① 砌块不应低于 MU10。

② 砌筑砂浆不应低于 Mb7.5。

③ 灌孔混凝土不应低于 Cb20。

注意：对于安全等级为一级或设计使用年限大于 50 年的配筋砌块砌体房屋，所用材料的最低强度等级应至少提高一级。

④ 配筋砌块砌体剪力墙厚度、连梁截面宽度不应小于 190mm。

（2）配筋砌块砌体剪力墙的构造配筋

① 应在墙的转角、端部和孔洞的两侧配置竖向连续的钢筋，钢筋的直径不应小于 12mm。

② 应在洞口的底部和顶部设置不小于 $2\phi10mm$ 的水平钢筋，其伸入墙内的长度不宜小于 $40d$ 和 600mm。

③ 应在楼（屋）盖的所有纵横墙处设置现浇钢筋混凝土圈梁，圈梁的宽度和高度宜等于墙厚和块高，圈梁主筋不应小于 $4\phi10mm$，圈梁的混凝土强度等级不应低于同层混凝土块体强度等级的 2 倍，或该层灌孔混凝土的强度等级也不应低于 C20。

④ 剪力墙其他部位的竖向和水平钢筋的间距不应大于墙长、墙高的 1/3，也不应大于 900mm。

⑤ 剪力墙沿竖向和水平方向的构造钢筋配筋率均不应小于 0.07%。

（3）按壁式框架设计的配筋砌块窗间墙

除应满足上述（1）、（2）要求外，尚应符合下列规定。

① 窗间墙截面

a. 窗间墙宽不应小于 800mm。

b. 墙净宽与净高之比不宜大于 5。

② 窗间墙中的竖向钢筋

a. 每片窗间墙中的竖向钢筋沿全高不应少于 4 根。

b. 沿墙的全截面应配置足够的抗弯钢筋。

c. 窗间墙的竖向钢筋的配筋率不宜小于 0.2%，也不宜大于 0.8%。

③ 窗间墙的水平分布钢筋

a. 窗间墙中的水平分布钢筋应在墙端部纵筋处向下弯折 90°，弯折长度不小于 $15d$ 和 150mm。

b. 水平分布钢筋的间距：在距梁 1 倍墙宽范围内不应大于 1/4 墙宽，其余部位不应大于 1/2 墙宽。

c. 水平分布钢筋的配筋率不宜小于 0.15%。

（4）配筋砌块砌体剪力墙的边缘构件

① 当利用剪力墙端的砌体时

a. 应在一字墙端部至少 3 倍墙厚范围内的孔中设置不小于 $\phi12mm$ 通长竖向钢筋。

b. 应在 L 形、T 形或十字形墙交接处 3 或 4 个孔中设置不小于 φ12mm 通长竖向钢筋。

c. 当剪力墙的轴压比大于 $0.6f_g$ 时，除应按上述规定设置竖向钢筋外，尚应设置间距不大于 200mm、直径不小于 6mm 的水平钢箍。

② 当在剪力墙墙端设置混凝土柱时

a. 柱的截面宽度宜不小于墙厚，柱的截面高度宜为 1～2 倍的墙厚，并不应小于 200mm。

b. 柱的混凝土强度等级不宜低于该墙体块体强度等级的 2 倍，或不低于该墙体灌孔混凝土的强度等级，也不应低于 Cb20。

c. 柱的竖向钢筋不宜小于 4φ12mm，箍筋不宜小于 φ6mm、间距不宜大于 200mm。

d. 墙体中的水平钢筋应在柱中锚固，并应满足钢筋的锚固要求。

e. 柱的施工顺序宜为先砌筑砌块墙体，后浇捣混凝土。

（5）钢筋混凝土连梁

配筋砌块砌体剪力墙中当连梁采用钢筋混凝土时，连梁混凝土的强度等级不宜低于同层墙体块体强度等级的 2 倍，或同层灌孔混凝土的强度等级，也不应低于 C20；其他构造尚应符合现行国家标准《混凝土结构设计规范（2015 年版）》（GB 50010—2010）的有关规定要求。

（6）配筋砌块砌体剪力墙中连梁

① 连梁的截面

a. 连梁的截面高度不应小于两皮砌块的高度和 400mm。

b. 连梁应采用 H 形砌块或凹槽砌块组砌，孔洞应全部浇灌混凝土。

② 连梁的水平钢筋

a. 连梁上、下水平受力钢筋宜对称、通长设置，在灌孔砌体内的锚固长度不宜小于 $40d$ 和 600mm。

b. 连梁水平受力钢筋的含钢率不应小于 0.2%，也不宜大于 0.8%。

③ 连梁的箍筋

a. 连梁的箍筋直径不应小于 6mm。

b. 箍筋的间距不宜大于 1/2 梁高和 600mm。

c. 在距支座等于梁高范围内的箍筋间距不应大于 1/4 梁高，距支座表面第一根箍筋的间距不应大于 100mm。

d. 箍筋的截面配箍率不宜小于 0.15%。

e. 箍筋宜采用封闭式，双肢箍末端弯钩 135°，单肢箍末端弯钩 180°，或弯 90° 加 12 倍箍筋直径的延长段。

4.4.3.3　配筋砌块砌体柱（图 4-9）

① 材料的强度等级应符合配筋砌块砌体剪力墙、连梁对材料强度等级的要求。

② 柱截面边长不宜小 400mm，柱高度与截面短边之比不宜大于 30。

③ 柱的竖向受力钢筋直径不小于 12mm，数量不应少于 4 根，全部竖向受力钢筋的配筋率不应小于 0.2%。

④ 柱中箍筋设置

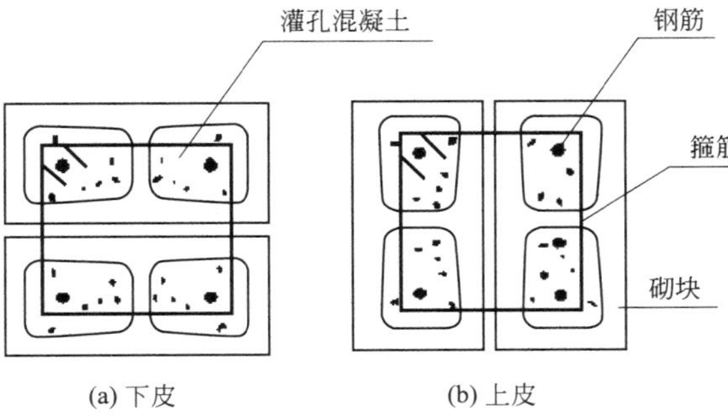

图 4-9　配筋砌块砌体柱截面示意

a. 当纵向钢筋配筋率大于 0.25%，且柱承受的轴向力大于受压承载力设计值的 25% 时，柱中应设箍筋。当配筋率小于等于 0.25% 时，或柱承受的轴向力小于受压承载力设计值的 25% 时，柱中可不设置箍筋。

b. 箍筋直径不宜小于 6mm。

c. 箍筋间距不应大于 16 倍纵向钢筋直径、48 倍箍筋直径及柱截面短边尺寸中较小者。

d. 箍筋应封闭，端部应弯钩或绕纵筋水平弯折 90°，弯折长度不小于 10d。

e. 箍筋应设置在灰缝或灌孔混凝土中。

本章小结

4.1　配筋砌体分为配筋砖砌体和配筋砌块砌体两大类。其中配筋砖砌体又可分为网状配筋砖砌体、组合砖砌体、砖砌体和构造柱组合砌体三种类型。

4.2　由于配筋砖砌体可有效地约束砖砌体受压时的横向变形和裂缝的发展，故其承载力和变形能力得到较大的提高。

4.3　当无筋砌体受压承载力不足而截面尺寸又受到限制，或轴向力的偏心距较大（$e > 0.6y$），宜采用砖砌体和钢筋混凝土（或钢筋砂浆）面层组成的组合砖砌体。

4.4　砖砌体和钢筋混凝土构造柱组成的组合砖墙在使用阶段，构造柱和砖墙具有良好的整体工作性能。

4.5　配筋砌块砌体构件具有较高的承载力和较好的延性，可用于大开间和高层建筑结构中。配筋砌块砌体剪力墙的受力性能基本上类似于钢筋混凝土剪力墙。

思考题

4.1　配筋砌体有哪几种类型？适用范围是什么？

4.2　网状配筋砖砌体较无筋砌体抗压强度有所提高的原因是什么？

4.3　网状配筋砖砌体不适用于哪些地方？

4.4　网状配筋砖砌体有哪些构造要求？

4.5　什么条件下使用组合砖砌体？其受压承载力如何计算？

4.6　组合砖砌体有哪些构造要求？

4.7　砖砌体和钢筋混凝土构造柱组合墙受压承载力如何计算？

4.8　砖砌体和钢筋混凝土构造柱组合墙有哪些构造要求？

4.9　什么是配筋砌块砌体？

4.10　配筋砌块砌体剪力墙对钢筋规格，砌块、砂浆和灌孔混凝土的材料强度等级有何要求？

4.11　试述配筋混凝土砌块砌体剪力墙中水平和竖向钢筋的锚固方法及其对锚固长度的要求。

习　题

4.1　一网状配筋砖柱，截面尺寸为 370mm×740mm，柱的计算高度为 5.2m，采用等级为 MU10 的蒸压灰砂砖及 M7.5 的混合砂浆砌筑。设置网状配筋，选用 ϕ^b4 冷拔低碳钢丝焊接网，$f_y=430\text{MPa}$，钢丝间距 $a=b=60\text{mm}$，钢丝网间距 $s_n=180\text{mm}$，试计算以下两种状况下砖柱的承载力。

① 承受轴向力设计值，砖柱的承载力。

② 沿长边方向偏心距 $e=100\text{mm}$ 时砖柱的承载力。

4.2　某刚性方案多层房屋的内横墙，计算高度 $H_0=3.7\text{m}$，墙厚 240mm，承受轴心压力，墙体采用 MU10 烧结普通砖，M7.5 混合砂浆，选用 ϕ^b4 冷拔低碳钢丝焊接网，$f_y=430\text{MPa}$，钢丝间距 $a=b=50\text{mm}$，钢丝网间距 $s_n=260\text{mm}$。试计算受压承载力（提示：取 1m 长墙体作为计算单元）。

4.3　如图 4-10 所示，截面尺寸为 370mm×620mm 的组合砖柱承受轴向力，柱的计算高度 $H_0=6.0\text{m}$，采用 MU10 砖、M10 混合砂浆砌筑。试计算组合砖柱受压承载力。

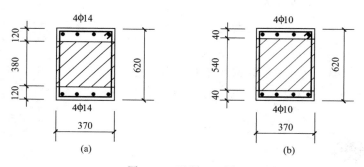

图 4-10　习题 4.3 图

① 如图 4-10(a) 所示，采用 120mm 厚 C20（$f_c=9.6\text{MPa}$）混凝土面层，HPB300 级钢筋（$f_y'=270\text{MPa}$），每侧 4φ14（$A_s=615\text{mm}^2$）。$f_y'=270\text{MPa}$。

② 如图 4-10(b) 所示，采用 40mm 厚 M10（$f_c=9.6\text{MPa}$）砂浆面层，HPB300 级钢筋

（$f_y' = 270\text{MPa}$），每侧 $4\phi10$（$A_s = 314\text{mm}^2$）。

4.4　一组合砖砌体和钢筋混凝土构造柱组合墙，墙厚 240mm，计算高度 $H_0 = 3.9\text{m}$，采用 MU10 多孔砖、M5 混合砂浆，施工质量控制等级 B 级。沿墙每隔 1.8m 设置一根截面尺寸为 240mm×240mm 的构造柱，混凝土强度等级 C20，$f_c = 9.6\text{N/mm}^2$，配置 HPB300 级的 $4\phi12\text{mm}$ 钢筋，$A_s' = 452\text{mm}^2$。计算组合墙体的轴心受压承载力。

4.5　某高层房屋中的配筋混凝土砌块砌体剪力墙，墙高 3.0m，截面尺寸 190mm×3800mm；采用 MU20、混凝土空心砌块（孔洞率 46%）、Mb15 混合砂浆砌筑和 Cb20 混凝土全部灌孔，已配置了 HPB300 级、$2\phi10@200$ 的水平钢筋，施工质量控制等级 A 级，截面内力设计值为 $N = 4000\text{kN}$，$M = 2000\text{kN} \cdot \text{m}$，$V = 800\text{kN}$。试验算该剪力墙斜截面的受剪承载力。

第 5 章

混合结构房屋墙、柱设计

导论

　　本章叙述了混合结构房屋的结构布置方案及特点；讨论了不同空间作用程度的房屋采用的静力计算方案；介绍了混合结构房屋墙、柱高厚比验算；分析了单层和多层房屋在不同静力计算方案时的计算单元选取、计算简图确定、内力计算、控制截面选取及墙体截面承载力的验算等。

5.1 混合结构房屋的结构布置

5.1.1 混合结构房屋的组成

　　混合结构房屋通常是指主要承重构件由不同材料组成的房屋。如房屋的楼盖和屋盖采用钢筋混凝土结构、轻钢结构或木结构，而墙体、柱、基础等竖向承重构件采用砌体结构。混合结构房屋的墙体材料一般易就地取材，造价低且可利用工业废料，所以应用范围较广。因此，一般的多层民用建筑，如住宅、宿舍、办公楼、学校、商店、食堂、仓库等，以及中小型工业建筑，都可以采用混合结构。

　　混合结构房屋应具有足够的承载力、刚度、稳定性和抗震性能，还应具有良好的抵抗温度、收缩变形和不均匀沉降的能力。混合结构房屋中的楼盖、屋盖、纵墙、横墙、柱、基础及楼梯等主要承重构件互相连接构成承重体系，组成空间结构。因此，墙、柱、梁、板、楼梯及基础等主要承重构件应满足建筑功能和结构合理、经济的要求，所以，房屋结构布置方案的选择成为整个结构设计的关键。

5.1.2 混合结构房屋的结构布置方案

　　不同使用要求的混合结构房屋，由于房间布局、房间大小和使用功能的不同，它们在建筑平面和剖面上可能是多种多样的，但是从结构的承重方案来看，按其荷载传递路线的不同，混合结构房屋的结构布置可分为横墙承重方案、纵墙承重方案、纵横墙承重方案和钢筋混凝土内框架复合承重方案。

5.1.2.1 横墙承重方案

　　楼（屋）面荷载主要由横墙承受的房屋承重方案属于横墙承重方案。对于房间大小固定，横墙间距较小（一般为 3～4m）的房屋，如住宅、宿舍、旅馆等，可采用横墙承重体系，将屋盖和楼盖构件均搁置在横墙上，横墙将承担屋盖和各层楼盖的荷载，而纵墙仅承受墙体自重。如图 5-1 所示。

横墙承重方案荷载的主要传递路径是：楼（屋）面→横墙→基础→地基。

横墙承重方案的特点是：

① 横墙是主要的承重墙，纵墙主要起围护、隔断和将横墙连成整体并保证横墙侧向稳定的作用，因此，纵墙建筑立面易处理，门窗的布置及大小较灵活。

② 横墙的数量较多，间距较小，一般每一开间就有一道横墙，又有纵墙在纵向拉结，因此，房屋的空间刚度大、整体性好，其抵抗风荷载、地震作用以及抵抗地基不均匀沉降的能力比较强。

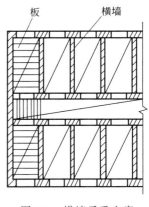

图 5-1　横墙承重方案

③ 屋（楼）盖结构一般采用钢筋混凝土板，因此，屋（楼）盖结构较简单，施工方便，但墙体及基础材料用量较大，且墙体占用房屋的有效空间较多。

④ 因横墙较密，建筑平面布局不灵活。

5. 1. 2. 2　纵墙承重方案

由纵墙承受楼（屋）面荷载的结构布置方案为纵墙承重方案。对于使用上要求有较大空间，房间尺寸有较大变化或横墙位置可能变化的房屋，如食堂、仓库和单层工业厂房等，通常无内横墙或横墙间距很大，见图 5-2。图 5-2（a）为某单层仓库屋盖结构平面布置，图 5-2（b）为某多层办公楼楼盖结构平面布置。这些楼盖和屋盖设置有大梁，楼板和屋面板搁置于大梁上，由大梁把荷载传给纵墙。

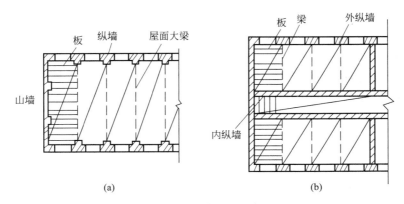

(a)　　　　　　　　　　　　　　　(b)

图 5-2　纵墙承重方案

纵墙承重方案房屋竖向荷载的主要传递路径是：楼面（或屋面）板→梁（或屋架）→纵向承重墙→基础→地基。

纵墙承重方案的特点是：

① 纵墙是主要的承重墙，横墙虽然也承受荷载，但设置横墙的主要目的是为了满足房屋空间刚度和整体性的要求，因此横墙间距较大。这种承重方案房屋的空间较大，有利于使

用时灵活布置。

② 由于纵墙承受的荷载较大，所以设在纵墙上的门窗洞口的大小和位置受到一定限制。

③ 由于横墙数量较少，房屋的横向刚度较小，所以整体性较差。

④ 与横墙承重方案相比，墙体材料用量较少，楼（屋）盖构件所用材料较多。

5.1.2.3　纵横墙承重方案

楼（屋）面荷载分别由纵墙和横墙共同承受的房屋承重方案属于纵横墙承重方案。当建筑物的功能要求房间的大小变化较多时，为了结构布置的合理性，通常采用纵横墙承重方案。纵横墙承重方案适用于教学楼、办公楼、医院、图书馆等建筑。图 5-3 为某教学楼结构平面布置的一部分，房间的部分楼盖支承在横墙和梁上，或通过梁支承在纵墙上。其荷载传递路径为：

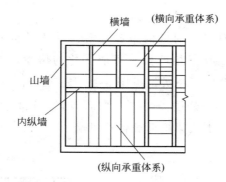

图 5-3　纵横墙承重方案

纵横墙承重方案兼有前述两种承重方案的特点，主要为：

① 房屋平面布置比较灵活，房间可以有较大空间。

② 房屋的空间刚度也较大。

③ 能更好地满足建筑功能的要求。

④ 横墙间距一般不太大，横向水平地震作用完全可以由横墙承担，通常可以满足抗震要求。纵墙有部分是承重的，从而也增强了墙体的抗剪能力，对整个结构承担纵向地震作用有利。

5.1.2.4　钢筋混凝土内框架复合承重方案

内部由钢筋混凝土柱，外部由砖墙、砖柱构成的房屋，称为钢筋混凝土内框架复合承重方案。图 5-4 为某工业厂房车间结构平面布置的一部分，其外墙和内柱都是主要承重构件，楼板支承在梁上（有部分楼盖支承在外墙上），梁两端支承在外墙上，中间支承在内柱上。其荷载传递路径为：

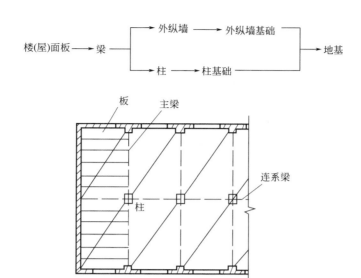

图 5-4　钢筋混凝土内框架复合承重方案

钢筋混凝土内框架复合承重方案的特点是：

① 墙和柱都是主要承重构件，由于内墙由柱代替，在使用上可以取得较大空间，而不需要增加梁的跨度。

② 钢筋混凝土柱和砖墙的压缩性能不同，外墙和柱的基础形式不同，基础沉降量也不一致，设计时如处理不当，结构容易产生不均匀的竖向变形，使结构产生较大的附加内力。

③ 与全框架结构相比，可以充分利用外墙的承载能力，节约钢筋和水泥用量，降低房屋造价。

④ 横墙较少，房屋的空间刚度及整体性较差，抗震性能低，对于有抗震要求的地区不宜采用。

5.2　混合结构房屋的静力计算方案

5.2.1　混合结构房屋的空间工作性能

混合结构房屋由屋盖、楼盖、墙、柱、基础等主要承重构件组成空间受力体系，共同承担作用在房屋上的各种竖向荷载（构件自重、楼面和屋面的活荷载）、水平风荷载和地震作用。

墙体与柱的计算是混合结构房屋结构设计的重要内容。墙体的计算包括墙体的内力计算和截面承载力计算。进行墙体内力计算时首先要确定计算简图，计算简图既要符合结构的实际受力情况，又要使计算尽可能简单。进行混合结构房屋空间工作性能的分析，有利于计算简图的确定。现以各类单层房屋为例来分析其受力特点。

第一种情况：图 5-5 为一两端没有设置山墙的单层房屋，外纵墙承重，屋盖为预制钢筋混凝土屋面板和屋面大梁。在这类房屋中，竖向荷载的传递路线是：屋面板→屋面大梁→纵墙→基础→地基。水平荷载的传递路线是：纵墙→基础→地基。

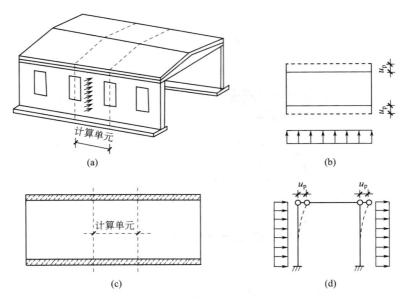

图 5-5 两端无山墙的单层房屋的受力状态及计算简图

假定作用于房屋的荷载是均匀分布的，外纵墙的窗口也是均匀排列的，外纵墙的刚度是相等的，因此，在水平荷载作用下整个房屋墙顶的水平位移是相同的。如果从其中任意相邻的两个窗口中线截取一个单元，这个单元的受力状态就和整个房屋的受力状态是一样的。因此，可以用这个单元的受力状态来代表整个房屋的受力状态，这个单元称为计算单元。

在这类房屋中，荷载作用下的墙顶水平位移主要取决于纵墙刚度，而屋盖结构的刚度只是保证传递水平荷载时两边纵墙的位移相同。假定这时楼盖刚度为绝对刚性的，如果把计算单元的纵墙比拟为排架柱，屋盖结构比拟为横梁，把基础看成是柱的固定端支座，屋盖结构和墙的连接点看成是铰结点，则计算单元的受力状态就如同一个单跨平面排架，属于平面受力体系，其受力分析和结构力学中平面排架的分析方法相同。

第二种情况：图 5-6 为两端有山墙的单层房屋，由于两端山墙的约束，其传力途径发生了变化。在均匀的水平荷载作用下，整个房屋墙顶的水平位移不再相同，距山墙较远的墙顶水平位移较大，而距山墙较近的墙顶水平位移较小。其原因是：水平风荷载不仅在纵墙和屋盖组成的平面排架内传递，而且也通过屋盖平面和山墙进行传递。屋盖结构可看作水平方向的梁，其跨度等于两山墙间的距离，支承在两端的山墙上；山墙可看成是竖向的悬臂梁，悬臂长度等于山墙的高度，嵌固于基础上。风荷载通过外墙分别传给外墙基础和屋盖水平梁，由于两端有山墙存在，屋盖水平梁承受水平荷载后，在水平方向发生弯曲，将部分荷载传给山墙，最后通过山墙在其本身平面内变形，并将这部分风荷载传给山墙基础。其传递路径为：

由以上分析可见，在这类房屋中，风荷载的传力体系已不是平面受力体系，即风荷载不

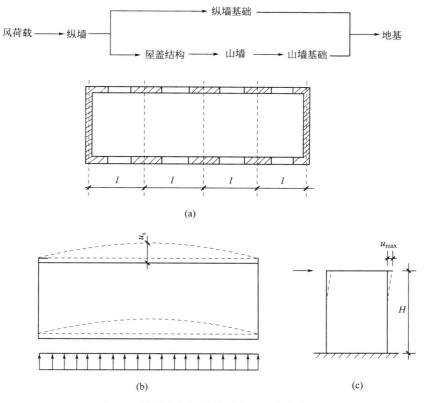

图 5-6　两端有山墙的单层房屋的受力状态

仅在纵墙和屋盖组成的平面排架内传递，而且通过屋盖平面和山墙平面进行传递，形成了空间受力体系。这时，纵墙顶部的水平位移不仅与纵墙本身刚度有关，而且与屋盖结构水平刚度和山墙顶部的水平方向的位移有很大关系，见图 5-6(a)。

对于无山墙的单层房屋，在风荷载作用下，它的每个计算单元的纵墙顶上的水平位移都是一样的，而与房屋的长度无关，用 u_p 来表示这类房屋墙顶的水平位移（平面位移）。对于两端有山墙的单层房屋，由于山墙的存在，在纵墙顶上的水平位移沿纵向是变化的，和屋盖结构水平方向的位移一致，两端小、中间大，见图 5-6(b)，用 u_s 来表示中间排架的水平位移，即最大的水平位移（空间位移）。

u_p 的大小主要取决于纵墙本身的刚度。u_s 的大小除了取决于纵墙本身的刚度外，还取决于两山墙间的距离、山墙的刚度和屋盖的水平刚度。当山墙的距离很远时，也即屋盖水平梁的跨度很大时，跨中水平位移大。山墙的刚度差时，山墙顶的水平位移大，也即屋盖水平梁的支座位移大，因而屋盖水平梁的跨中水平位移也大。屋盖本身的刚度差时，也加大了屋盖水平梁的跨中水平位移。反之，当山墙的刚度足够大时，两端山墙的距离越近，屋盖的水平刚度越大，房屋的空间受力作用越显著，则 u_s 越小。

房屋空间作用的大小可以用空间性能影响系数 η 表示，假定屋盖为在水平面内支承于横墙上的剪切型弹性地基梁，纵墙（柱）为弹性地基，由理论分析可以得到空间性能影响系数为：

$$\eta = \frac{u_s}{u_p} \leqslant 1 \tag{5-1}$$

式中　　u_s——考虑空间工作时，荷载作用下房屋排架水平位移的最大值；

　　　　u_p——在外荷载作用下，平面排架的水平位移。

η 值越大，表示考虑空间工作后的排架柱顶最大水平位移与平面排架的柱顶位移越接近，房屋的空间作用越小；η 值越小，则表示房屋的空间作用越大。因此，η 又称为考虑空间工作后的侧移折减系数。

工程实践中，楼盖（或屋盖）的构造有多种，通常根据楼盖（或屋盖）水平纵向体系的刚度把楼盖（或屋盖）分为 3 类：第 1 类为刚性楼（屋）盖；第 2 类为中等刚性楼（屋）盖；第 3 类为柔性楼（屋）盖。按楼盖（或屋盖）整体性而论，第 1 类楼（屋）盖为最强，第 2 类楼（屋）盖次之，第 3 类楼（屋）盖为最弱。

实践表明，横墙间距 s 是影响房屋刚度或侧移大小的重要因素，不同横墙间距的各类单层房屋的空间性能影响系数 η 见表 5-1。

表 5-1　不同横墙间距的各类单层房屋的空间性能影响系数 η

楼盖或屋盖类别	横墙间距 s/m														
	16	20	24	28	32	36	40	44	48	52	56	60	64	68	72
1	—	—	—	—	0.33	0.39	0.45	0.50	0.55	0.60	0.64	0.68	0.71	0.74	0.77
2	—	0.35	0.45	0.54	0.61	0.68	0.73	0.78	0.82	—	—	—	—	—	—
3	0.37	0.49	0.60	0.68	0.75	0.81	—	—	—	—	—	—	—	—	—

研究表明，多层房屋不仅存在沿房屋纵向各开间的相互作用，而且还存在各层之间的相互作用，因此，多层房屋的空间性能影响系数为多系数。为了确定设计房屋取用的 η 值，根据十几幢多层房屋的实测结果和收集到的单层房屋的实测结果，对多层房屋建立了分析模型，应用正交设计方法计算房屋的系列，考虑屋盖的类别、开间数目、开间距离、横墙与纵墙厚度、房屋宽度、壁柱尺寸、砌体弹性模量、有无中柱等因素，建立了 η 系数的方程，由此可求出各层空间性能影响系数。计算结果表明，多层房屋的空间性能影响系数 η 值比表 5-1 的数值偏小，但为了简便和偏于安全，取多层房屋与单层房屋相同的空间性能影响系数值（即表 5-1 中的值）。

5.2.2　房屋静力计算方案的分类

影响房屋空间性能的因素除楼（屋）盖刚度和横墙间距外，还有屋架的跨度、排架的刚度、荷载类型及多层房屋层与层之间的相互作用等。我国对各类单层和多层混合结构房屋的空间性能进行了一系列现场测定，并以实测参数为依据对大量的房屋实例进行了理论分析。

为方便设计，《砌体结构设计规范》（GB 50003—2011）以屋盖或楼盖类型（刚度大小）及横墙间距作为主要因素，将混合结构房屋的静力计算方案划分为刚性方案、刚弹性方案、弹性方案三种，见表 5-2。

表 5-2　房屋的静力计算方案

	屋盖或楼盖类型	刚性方案	刚弹性方案	弹性方案
1	整体式、装配整体式和装配式无檩体系钢筋混凝土屋盖或钢筋混凝土楼盖	$s<32$	$32 \leqslant s \leqslant 72$	$s>72$
2	装配式有檩体系钢筋混凝土屋盖、轻钢屋盖和有密铺望板的木屋盖或木楼盖	$s<20$	$20 \leqslant s \leqslant 48$	$s>48$
3	瓦材屋面、木屋盖和轻钢屋盖	$s<16$	$16 \leqslant s \leqslant 36$	$s>36$

注：1. 表中 s 为房屋横墙间距，其长度单位为 m。
2. 当多层房屋屋盖、楼盖类别不同或横墙间距不同时，可按本表的规定确定房屋的静力计算方案。
3. 对无山墙或伸缩缝处无横墙的房屋，应按弹性方案考虑。

5.2.2.1　刚性方案

当房屋的横墙间距小、屋盖和楼盖的刚度较大时，房屋的空间刚度很大。在水平荷载作用下，房屋的最大水平位移很小，故可以忽略房屋水平位移的影响，这时屋盖可视为纵向墙体上端的不动铰支座，墙、柱内力可按上端有不动铰支承的竖向构件进行计算，见图 5-7(a)，这类房屋称为刚性方案房屋。

通过计算分析，当房屋的空间性能影响系数 $\eta<0.33$ 时，均可按刚性方案计算。混合结构的多层教学楼、办公楼、宿舍、医院、住宅等，一般均属刚性方案房屋。

5.2.2.2　弹性方案

当房屋的横墙间距大或无横墙（山墙），屋盖和楼盖的水平刚度较小时，房屋的空间刚度很差。在水平荷载作用下，房屋的最大水平位移 u_{max} 已接近平面排架或框架的水平位移，空间作用的影响可以忽略。其静力计算可按屋架（大梁）与墙柱下端固定于基础，墙柱内力按不考虑空间作用的平面排架或框架计算，见图 5-7(b)，这类房屋称为弹性方案房屋。

计算表明，当空间性能影响系数 $\eta>0.77$ 时，均可按弹性方案计算。混合结构的单层厂房、仓库、礼堂、食堂等多属于弹性方案房屋。

5.2.2.3　刚弹性方案

当房屋的空间刚度介于刚性方案和弹性方案房屋之间时，在水平荷载作用下，纵墙顶端水平位移比弹性方案要小，但又不可忽略不计，即 $0<u_s<u_p$。在静力计算时，应按考虑空间工作的平面排架或框架计算，见图 5-7(c)，这类房屋称为刚弹性方案房屋，其计算方法是将楼盖或屋盖视为平面排架或框架的弹性水平支承，将其水平荷载作用下的反力进行折减，然后按平面排架或框架进行计算。

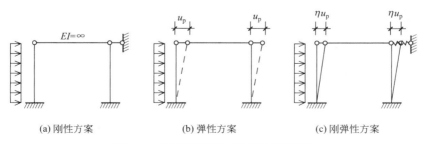

(a) 刚性方案　　　　(b) 弹性方案　　　　(c) 刚弹性方案

图 5-7　单层混合结构房屋的计算简图

当空间性能影响系数 $0.33 < \eta < 0.77$ 时，按刚弹性方案计算。

应该注意的是，在设计多层混合结构房屋时，不宜采用弹性方案，因为弹性方案房屋水平位移较大，当房屋高度增加时，会因位移过大导致房屋的损坏。

5.2.3　刚性方案和刚弹性方案房屋对横墙的要求

根据以上分析可知，房屋的静力计算方案是根据房屋空间刚度的大小确定的，而房屋的空间刚度取决于屋盖或楼盖的类别和房屋中横墙的间距以及刚度的大小。作为刚性方案或刚弹性方案的横墙，其刚度必须符合要求才能保证屋盖或楼盖水平梁的支座位移不致过大，满足抗侧力横墙的要求。

《砌体结构设计规范》（GB 50003—2011）规定，刚性方案和刚弹性方案的横墙应符合下列要求：

① 横墙中开有洞口时，洞口的水平截面面积不应超过横墙截面面积的 50%；

② 横墙的厚度不宜小于 180mm；

③ 单层房屋的横墙长度不宜小于其高度，多层房屋的横墙长度不宜小于 $H/2$（H 为横墙总高度）。

此外，横墙应与纵墙同时砌筑；如不能同时砌筑，应采用其他措施以保证房屋的整体刚度。

当横墙不能同时符合上述要求时，应对横墙刚度进行验算。如其最大水平位移 $u_{\max} \leqslant \dfrac{H}{4000}$ 时，仍可视作刚性或刚弹性方案房屋的横墙。凡符合上述刚度要求的一段横墙或其他结构构件（如框架等），也可视作刚性或刚弹性方案房屋的横墙。

如图 5-8 所示，单层房屋的横墙在水平集中力 P_1 作用下的最大水平位移 $u_{\max}$ 由弯曲产生的水平位移（弯曲变形）和剪力产生的水平位移（剪切变形）两部分组成。当门窗洞口的水平截面面积不超过横墙全截面面积的 75% 时，可按下式计算：

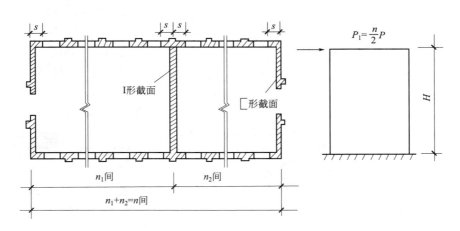

图 5-8　单层房屋水平位移计算简图

$$u_{\max} = \frac{P_1 H^3}{3EI} + \frac{\tau}{G}H = \frac{nPH^3}{6EI} + \frac{2.5nPH}{EA} \tag{5-2}$$

式中　P_1——作用于横墙顶端的集中水平荷载，$P_1 = \frac{n}{2}P$，此处 $P = W + R$；

　　　W——每开间中作用于屋架下弦、由屋面风荷载（包括屋盖下弦以上一段女儿墙上的风荷载）产生的集中风力；

　　　R——假定排架无侧移时，每开间柱顶反力；

　　　H——横墙高度；

　　　E——砌体的弹性模量；

　　　I——横墙的惯性矩〔为简化计算，近似地取横墙的毛截面惯性矩，当横墙与纵墙连接时可按 I 形或匚形（见图 5-8）截面考虑，与横墙共同工作的纵墙部分的计算长度 S，每边近似地取 $S = 0.3H$，且两侧之和不大于窗间墙宽度〕；

　　　τ——水平截面上的剪应力，$\tau = \zeta \dfrac{P_1}{A}$；

　　　ζ——为应力分布不均匀系数，可近似取 $\zeta = 2.0$；

　　　G——砌体的剪变模量，取 $G = 0.4E$；

　　　n——与该横墙相邻的两横墙的开间数；

　　　A——横墙水平截面面积，可近似取毛截面面积。

　　当没有纵墙参与横墙共同工作时，如果门窗洞口较大，墙体截面削弱过多，对横墙变形将有较大的影响，计算 $u_{\max}$ 时，横墙截面应按实际截面采用。

　　对多层房屋的横墙，仍将按上述原理计算 $u_{\max}$ 时，此时横墙承受各层楼盖及屋盖传来的集中风荷载，其计算公式为

$$u_{\max} = \frac{n}{6EI}\sum_{i=1}^{m} P_i H_i^3 + \frac{2.5n}{EA}\sum_{i=1}^{m} P_i H_i \tag{5-3}$$

式中　m——房屋总层数；

　　　P_i——假定各层框架均为不动点支座时，第 i 层的支座反力；

　　　H_i——第 i 层楼面至基础上顶面的高度。

5.3　墙、柱高厚比验算

　　混合结构房屋中的墙、柱是受压构件，除了应满足承载力的要求外，还必须保证其稳定性。墙、柱的高厚比验算是保证墙体稳定性和房屋空间刚度的重要构造措施，可避免墙、柱在施工和使用阶段发生失稳现象。

　　《砌体结构设计规范》（GB 50003—2011）规定用验算墙、柱高厚比的方法进行墙、柱稳定性的验算。高厚比是指砌体墙、柱的计算高度 H_0 和墙厚或边长（h）的比值。用 β 表示，即 $\beta = H_0/h$。墙、柱的高厚比越大则构件越细长，稳定性越差。墙、柱的高厚比验算

就是要求墙、柱的实际高厚比 β 应不超过规范规定的允许高厚比 $[\beta]$。高厚比验算包括两方面：一是允许高厚比的限值；二是墙、柱实际高厚比的确定。

5.3.1 影响墙、柱高厚比的主要因素

影响墙、柱高厚比的因素很复杂，主要有以下几个方面。

（1）砂浆强度等级

砂浆强度直接影响砌体的弹性模量，而砌体弹性模量的大小又直接影响砌体的刚度。所以砂浆强度是影响允许高厚比的一项重要因素。砂浆强度高，允许高厚比可以大些；砂浆强度低，允许高厚比应小些。

（2）砌体类型

毛石墙比一般砌体墙的刚度差，允许高厚比应降低，而组合砌体由于其中的钢筋混凝土刚度好，允许高厚比可提高。

（3）横墙间距

横墙的间距越小，墙体的稳定性和刚度越好；横墙的间距越大，则墙体稳定性和刚度越差。高厚比验算时用改变墙体的计算高度来考虑横墙间距的影响。柱子没有横墙相连，其允许高厚比应较墙小些，这一因素在计算高度和相应高厚比的计算中加以考虑。

（4）支承条件

刚性方案房屋的墙柱在屋盖和楼盖支承处水平位移较小（计算时假定为不动铰支座），刚性好，允许高厚比可以大些；而弹性和刚弹性方案房屋的墙柱在屋盖和楼盖支承处水平位移较大，稳定性差，允许高厚比相对小些。高厚比验算时用改变其计算高度来考虑这一因素影响。

（5）墙体截面刚度

墙体截面惯性矩较大，则稳定性好。当墙上门窗洞口削弱较多时，允许高厚比应降低，可以通过有门窗洞口墙允许高厚比的修正系数 μ_2 来考虑这一影响。

（6）构造柱间距及截面尺寸

构造柱间距越小，截面尺寸越大，对墙体的约束越大，因此墙体稳定性越好，允许高厚比可提高。此项通过允许高厚比修正系数 μ_c 来考虑。

（7）构件重要性及房屋的使用情况

对次要构件，如自承重墙，允许高厚比可以增大，可通过修正系数 μ_1 考虑；对于使用时有振动的房屋则应酌情降低。

5.3.2 允许高厚比

允许高厚比的限值 $[\beta]$ 主要是根据实践经验规定的，它反映在一定时期内材料的质量和施工的水平，《砌体结构设计规范》（GB 50003—2011）规定的墙、柱允许高厚比限值 $[\beta]$ 见表 5-3。

表 5-3　墙、柱的允许高厚比限值［β］

砌体类型	砂浆强度等级	墙	柱
无筋砌体	M2.5	22	15
	M5 或 Mb5.0、Ms5.0	24	16
	≥M7.5 或 Mb7.5、Ms7.5	26	17
配筋砌块砌体	—	30	21

注：1. 毛石墙、柱允许高厚比应按表中数值降低 20%。

2. 带有混凝土或砂浆面层的组合砖砌体构件的允许高厚比，可按表中数值提高 20%，但不得大于 28。

3. 验算施工阶段砂浆尚未硬化的新砌砌体高厚比时，允许高厚比对墙取 14，对柱取 11。

5.3.3　墙、柱计算高度的确定

砌体结构房屋的静力计算方案以及构件两端的约束条件对墙、柱在承载力计算和高厚比验算时所采用的计算高度有影响。墙、柱的计算高度 H_0 根据房屋类别和构件支承条件，按表 5-4 用。

表 5-4　墙柱的计算高度 H_0

房屋类别			柱		带壁柱墙或周边拉结的墙		
			排架方向	垂直排架方向	$s>2H$	$2H\geqslant s>H$	$s<H$
有吊车的单层房屋	变截面柱上段	弹性方案	$2.5H_u$	$1.25H_u$	$2.5H_u$		
		刚性、刚弹性方案	$2.0H_u$	$1.25H_u$	$2.0H_u$		
	变截面柱下段		$1.0H_l$	$0.8H_l$	$1.0H_l$		
无吊车的单层和多层房屋	单跨	弹性方案	$1.5H$	$1.0H$	$1.5H$		
		刚弹性方案	$1.2H$	$1.0H$	$1.2H$		
	多跨	弹性方案	$1.25H$	$1.0H$	$1.25H$		
		刚弹性方案	$1.10H$	$1.0H$	$1.10H$		
	刚性方案		$1.0H$	$1.0H$	$1.0H$	$0.4s+0.2H$	$0.6s$

注：1. 表中 H_u 为变截面柱的上段高度，H_l 为变截面柱的下段高度。

2. 对于上端为自由端的构件，$H_0=2H$。

3. 独立砖柱，当无柱间支承时，柱在垂直排架方向的 H_0 应按表中数值乘以 1.25 后采用。

4. s 为房屋横墙间距。

5. 自承重墙的计算高度应根据周边支承或拉结条件确定。

表 5-4 中构件的实际高度 H 应按下列规定确定：

① 在房屋底层，为楼板顶面到构件下端支点的距离。下端支点的位置，可取在基础顶面。当基础埋置较深且有刚性地坪时，可取室外地面以下 500mm 处。

② 在房屋其他层，为楼板或其他水平支点间的距离。

③ 对无壁柱山墙的实际高度，可取层高加山墙尖高度的 1/2；对于带壁柱的山墙，可取壁柱处的山墙高度。

④ 对有吊车的房屋，当荷载组合不考虑吊车作用时，变截面柱上段的计算高度可按表 5-4 规定选用。变截面柱下段的计算高度可按下列规定采用：

a. $H_u/H\leqslant 1/3$ 时，取无吊车房屋的 H_0；

b. 当 $1/3<H_u/H<1/2$ 时，取无吊车房屋的 H_0 乘以修正系数，修正系数 μ 可按下式

计算：

$$\mu = 1.3 - 0.3 \frac{I_u}{I_l} \tag{5-4}$$

式中　I_u——变截面柱上段截面的惯性矩；

　　　I_l——变截面柱下段截面的惯性矩。

c. 当 $H_u/H \geqslant 1/2$ 时，取无吊车房屋的 H_0，但在确定高厚比 β 时，应采用上柱截面。

上述规定也适用于无吊车房屋的变截面柱。

5.3.4　墙、柱高厚比验算

5.3.4.1　矩形截面墙、柱的高厚比验算

（1）矩形截面墙、柱的高厚比验算公式

矩形截面墙、柱的高厚比应按下式验算：

$$\beta = \frac{H_0}{h} \leqslant \mu_1 \mu_2 [\beta] \tag{5-5}$$

式中　H_0——墙、柱的计算高度，按表 5-4 采用；

　　　h——墙厚或矩形柱与 H_0 相对应的边长；

　　　μ_1——自承重墙允许高厚比的修正系数；

　　　μ_2——有门窗洞口墙允许高厚比的修正系数；

　　　$[\beta]$——墙、柱的允许高厚比，按表 5-3 选用。

在验算墙、柱高厚比时，应注意以下两点：

① 当与墙连接的相邻两横墙间的距离 $s \leqslant \mu_1 \mu_2 [\beta] h$ 时，墙的高度可不受式(5-5)的限制。

② 变截面柱的高厚比可按上、下截面分别验算，其计算高度可按表 5-4 的规定采用；验算上柱的高厚比时，墙、柱的允许高厚比可按表 5-3 的数值乘以 1.3 后采用。

（2）自承重墙允许高厚比的修正系数 μ_1

厚度不大于240mm的自承重墙允许高厚比的修正系数 μ_1 按下列规定采用：

① 当墙厚 $h = 240$mm 时，$\mu_1 = 1.2$；当墙厚 $h = 90$mm，$\mu_1 = 1.5$；当墙厚小于 240mm 且大于 90mm 时，μ_1 按插入法取值。

② 对于上端为自由端墙的允许高厚比，除按上述规定提高外，尚可提高 30%。

③ 对于厚度小于 90mm 的墙，当双面用不低于 M10 的水泥砂浆抹面，包括抹面层的墙厚不小于 90mm 时，可按墙厚等于 90mm 验算高厚比。

（3）有门窗洞口墙允许高厚比的修正系数 μ_2

① 有门窗洞口墙允许高厚比的修正系数 μ_2，应按下式计算：

$$\mu_2 = 1 - 0.4 \frac{b_s}{s} \tag{5-6}$$

式中　b_s——在宽度 s 范围内的门窗洞口总宽度，
　　　　　见图 5-9；

　　　　s——相邻窗间墙或壁柱之间的距离，
　　　　　见图 5-9。

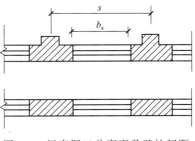

② 当按式（5-6）算得 μ_2 的值小于 0.7 时，μ_2 取 0.7；当洞口高度等于或小于墙高的 1/5 时，取 $\mu_2 = 1.0$。

③ 当洞口高度大于或等于墙高的 4/5 时，可按独立墙段验算高厚比。

图 5-9　门窗洞口总宽度及壁柱间距

5.3.4.2　带壁柱墙的高厚比验算

带壁柱墙的高厚比验算，除了要验算带壁柱整片墙的高厚比外，还要对壁柱间墙体的高厚比进行验算。

（1）整片墙的高厚比验算

在进行整片墙的高厚比验算时，将壁柱视为墙体的一部分，整片墙的计算截面即为 T 形。故在按式（5-5）验算高厚比时，公式中的 h 应改用带壁柱墙的折算厚度 h_T，即：

$$\beta = H_0/h_T \leqslant \mu_1\mu_2[\beta] \tag{5-7}$$

式中　H_0——带壁柱墙的计算高度，按表 5-4 采用，表中 s 应取与之相交相邻墙之间的距离；

　　　　h_T——带壁柱墙截面的折算厚度，$h_T = 3.5i$；

　　　　i——带壁柱墙截面的回转半径，$i = \sqrt{I/A}$；

　　　　I——带壁柱墙截面的惯性矩；

　　　　A——带壁柱墙截面的面积。

在确定带壁柱墙截面的回转半径 i 时，带壁柱墙计算截面的翼缘宽度 b_f 应按下列规定采用。

① 多层房屋，当有门窗洞口时，可取窗间墙宽度；当无门窗洞口时，每侧翼墙宽度可取壁柱高度（层高）的 1/3，但不应大于相邻壁柱间的距离。

② 单层房屋，可取壁柱宽加 2/3 墙高，但不大于窗间墙宽度和相邻壁柱间距离。

③ 计算带壁柱墙的条形基础时，可取相邻壁柱间的距离。

（2）壁柱间墙的高厚比验算

在验算壁柱间墙的高厚比时，可认为壁柱对壁柱间墙起到了横向拉结的作用，即可把壁柱视为壁柱间墙的不动铰支点，因此壁柱间墙可根据式（5-5）按矩形截面墙验算。计算 H_0 时，表 5-4 中的 s 应为相邻壁柱间的距离，而且不论房屋的静力计算属于何种方案，一律按刚性方案一栏选用。

当高厚比验算不能满足式（5-5）的要求时，可以在墙中设置钢筋混凝土圈梁，以增加墙体的刚度和稳定性。设有钢筋混凝土圈梁的带壁柱墙，当圈梁的宽度 b 与相邻壁柱间的距离 s 之比 $b/s \geqslant 1/30$ 时，圈梁可视作壁柱间墙的不动铰支点。壁柱间墙体的计算高度可取圈梁间的距离或圈梁与其他横向水平支点间的距离。这是因为圈梁的水平刚度较大，可抑制壁柱间墙的侧向变形。如不允许增加圈梁宽度，可按墙体平面外等刚度原则增加圈梁高度，以满足壁柱间墙不动铰支点的要求。此时，墙的计算高度 H_0 可取圈梁之间的距离。

5.3.4.3 带构造柱墙的高厚比验算

由于抗震的要求，在砌体结构房屋中设有钢筋混凝土构造柱，并采用拉结筋、马牙槎等措施与墙形成整体，墙体的刚度和稳定性增加，承载力提高。按照弹性稳定理论分析的结果，当临界荷载相等时，设钢筋混凝土构造柱墙的允许高厚比要大于不设构造柱墙的允许高厚比，故允许高厚比 $[\beta]$ 乘以修正系数 μ_c 予以提高。

带构造柱墙的高厚比验算方法同带壁柱墙，也需验算整片墙的高厚比和构造柱间墙的高厚比。

（1）整片墙的高厚比验算

带构造柱墙体整片墙的高厚比按式（5-8）验算，当确定墙的计算高度 H_0 时，s 应取相邻横墙间的距离。

$$\beta = H_0/h \leqslant \mu_1\mu_2\mu_c[\beta] \tag{5-8}$$

式中　μ_c——带构造柱墙允许高厚比修正系数，可按下式计算

$$\mu_c = 1 + \gamma\frac{b_c}{l} \tag{5-9}$$

式中　γ——系数，对细料石、半细斜石料砌体，$\gamma=0$，对混凝土砌体、粗料石、毛料石及毛石砌体，$\gamma=1.0$，其他砌体，$\gamma=1.5$；

　　b_c——构造柱沿墙长方向的宽度；

　　l——构造柱的间距。

当 $b_c/l > 0.25$ 时，取 $b_c/l = 0.25$；当 $b_c/l < 0.05$ 时，取 $b_c/l = 0$。

（2）构造柱间墙的高厚比验算

构造柱间墙的高厚比仍按式（5-5）进行验算。此时，可将构造柱视为构造柱间墙的不动铰支座，在确定 H_0 时，表 5-4 中的 s 取构造柱间的距离，而且无论房屋静力计算采用何种方案，一律按刚性方案一栏选用。

应当注意，考虑构造柱有利作用的高厚比验算不适用于施工阶段，这是由于在施工过程中一般是先砌筑墙体后浇筑构造柱。因此，应注意采取措施保证带构造柱墙在施工阶段的稳定性。

➡ 例 5-1

某办公楼平面的一部分如图 5-10 所示，采用装配式楼盖和屋盖。纵、横承重墙厚均为 240mm，隔墙厚 120mm，墙体用 M5 砂浆砌筑，各层墙高 3.9m。试验算外纵墙、横墙和隔墙的高厚比是否满足要求。

[**解**]　（1）确定静力计算方案

横墙最大间距 $s = 4 \times 4 = 16$（m），查表 5-2，房屋属于刚性方案。

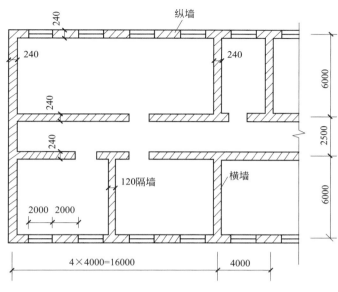

图 5-10　例 5-1 图

承重墙高 $H=3.9\text{m}$，承重墙厚 $h=240\text{mm}$

查表 5-3，M5 砂浆，$[\beta]=24$

（2）外纵墙高厚比验算

$s=16\text{m}>2H=7.8\text{m}$，查表 5-4，$H=H_0=3.9\text{m}$

$b_s=2\text{m}$，相邻窗间墙距离 $s=4\text{m}$，则：$\mu_2=1-0.4\dfrac{b_s}{s}=1-0.4\times\dfrac{2}{4}=0.8$

承重墙，$\mu_1=1.0$

$$\beta=\frac{H_0}{h}=\frac{3.9}{0.24}=16.25<\mu_1\mu_2[\beta]=1.0\times0.8\times24=19.2$$

高厚比满足要求。

（3）验算横墙的高厚比

墙长 $s=6\text{m}$，$H=3.9\text{m}$，$H<s<2H$，查表 5-4 得：

$$H_0=0.4s+0.2H=0.4\times6+0.2\times3.9=3.18\ （\text{m}）$$

横墙上没开门窗，$\mu_2=1.0$

承重墙，$\mu_1=1.0$

$$\beta=\frac{H_0}{h}=\frac{3.18}{0.24}=13.25<\mu_1\mu_2[\beta]=1.0\times1.0\times24=24$$

高厚比满足要求。

（4）验算隔墙的高厚比

隔墙上端一般用立砖斜砌顶住楼板，两侧与纵墙之间沿高度每 500mm 用 $2\phi6\text{mm}$ 钢筋拉结，所以可按周边有拉结的墙计算。但考虑到两侧的拉结质量不能很好保证，以及隔断墙的位置在建筑物建成后可能变动等因素，设计时可忽略周边拉结的有利作用，按 $s>2H$ 确定计算高度。

$$H_0 = H = 3.9\text{m}$$

隔墙为非承重墙，厚度 $h = 120\text{mm}$，则：$\mu_1 = 1.44$

隔墙没有门窗洞口，则：$\mu_2 = 1.0$

$$\beta = \frac{H_0}{h} = \frac{3.9}{0.12} = 32.5 < \mu_1 \mu_2 [\beta] = 1.44 \times 1.0 \times 24 = 34.56$$

高厚比满足要求。

➡ 例 5-2

某单层单跨无吊车厂房如图 5-11 所示，柱间距为 6m，每开间有 3.0m 宽的窗洞，车间长 48m，采用装配式无檩体系屋盖，层高 4.8m，壁柱为 370mm×490mm，墙厚 240mm。该车间为刚弹性方案，壁柱下端嵌固处至室内地坪的距离为 0.5m，试验算带壁柱墙的高厚比。

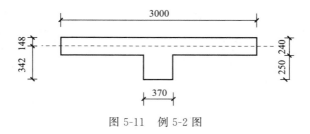

图 5-11　例 5-2 图

[解]　（1）带壁柱墙截面几何特征计算

带壁柱墙的窗间墙的截面如图 5-11 所示。

$$A = 3000 \times 240 + 370 \times 250 = 812500 (\text{mm}^2)$$

$$y_1 = \frac{3000 \times 240 \times 120 + 370 \times 250 \times \left(240 + \frac{250}{2}\right)}{812500} = 148 (\text{mm})$$

$$y_2 = 490 - 148 = 342 (\text{mm})$$

$$I = \frac{1}{12} \times 3000 \times 240^3 + 3000 \times 240 \times (148 - 240/2)^2 + \frac{1}{12} \times 370 \times 250^3 + 370 \times 250 \times (490 - 148 - 250/2)^2$$
$$= 8858 \times 10^6 (\text{mm}^4)$$

$$i = \sqrt{\frac{I}{A}} = \sqrt{\frac{8858 \times 10^6}{812500}} = 104 (\text{mm})$$

$$h_T = 3.5i = 3.5 \times 104 = 364 (\text{mm})$$

（2）整片墙高厚比验算

查表 5-3，M5 砂浆，$[\beta] = 24$

$$H = 4.8 + 0.5 = 5.3 (\text{m})$$

查表 5-4 得，$H_0 = 1.2H = 1.2 \times 5.3 = 6.36 (\text{m})$

承重墙，$\mu_1 = 1.0$

有门窗洞口的墙允许高厚比的修正系数 μ_2 为：

$$\mu_2 = 1 - 0.4\frac{b_s}{s} = 1 - 0.4 \times \frac{3.0}{6.0} = 0.8$$

$$\beta = \frac{H_0}{h_T} = \frac{6360}{364} = 17.5 < \mu_1\mu_2[\beta] = 1.0 \times 0.8 \times 24 = 19.2$$

高厚比满足要求。

（3）壁柱间墙高厚比验算

墙长 $s = 6\text{m}$，$H = 5.3\text{m}$，$H < s < 2H$，查表 5-4 得：

$$H_0 = 0.4s + 0.2H = 0.4 \times 6 + 0.2 \times 5.3 = 3.46\text{(m)}$$

$$\mu_1 = 1.0, \quad \mu_2 = 0.8$$

$$\beta = \frac{H_0}{h} = \frac{3.46}{0.24} = 14.42 < \mu_1\mu_2[\beta] = 1.0 \times 0.8 \times 24 = 19.2$$

高厚比满足要求。

→ 例 5-3

某三层办公楼平面布置如图 5-12 所示，采用装配式钢筋混凝土楼盖，纵横向承重墙厚度均为 190mm，采用 MU7.5 单排孔混凝土砌块、双面粉刷，一层用 Mb7.5 砂浆，二至三层采用 Mb5 砂浆，层高均为 3.3m，一层墙从楼板顶面到基础顶面的距离为 4.1m，窗洞宽均为 1800mm，门洞宽均为 1000mm，在纵横墙相交处和屋面或楼面大梁支承处，均设有截面为 190mm×250mm 的钢筋混凝土构造柱（构造柱沿墙长方向的宽度为 250mm），试验算各层纵横墙的高厚比。

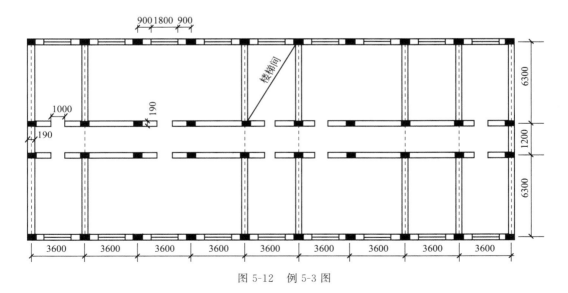

图 5-12　例 5-3 图

[解]　1. 纵墙高厚比验算

（1）确定静力计算方案

最大横墙间距例 $s = 3 \times 3.6 = 10.8\text{(m)} < 32\text{(m)}$，属刚性方案。

（2）二、三层纵墙高厚比验算

由于外纵墙窗洞口的宽度大于内纵墙门洞口的宽度，所以只需要验算外纵墙的高厚比即可。二、三层墙高 $H=3.3\text{m}$，墙厚 $h=190\text{mm}$，采用 Mb5 砂浆，$[\beta]=24$。

① 整片墙高厚比验算

$$s=3\times3.6=10.8(\text{m})>2H=6.6(\text{m})，\ H_0=1.0H=3.3(\text{m})$$

承重墙：$\mu_1=1.0$

$$\mu_2=1-0.4\frac{b_s}{s}=1-0.4\times\frac{1.8\times3}{3.6\times3}=0.8>0.7$$

由于设有构造柱，且 $0.05<\dfrac{b_c}{l}=\dfrac{250}{3600}=0.069<0.25$，故

$$\mu_c=1+\gamma\frac{b_c}{l}=1+1.0\times0.069=1.069$$

$$\beta=\frac{H_0}{h}=\frac{3.3}{0.19}=17.4<\mu_1\mu_2\mu_c[\beta]=1.0\times0.8\times1.069\times24=20.5$$

高厚比满足要求。

② 构造柱间墙高厚比验算

构造柱间距 $s=3.6\text{m}$，$H=3.3\text{m}$，$H<s<2H$

$$H_0=0.4s+0.2H=0.4\times3.6+0.2\times3.3=2.1(\text{m})$$

承重墙：$\mu_1=1.0$

$$\mu_2=1-0.4\frac{b_s}{s}=1-0.4\times\frac{1.8}{3.6}=0.8>0.7$$

$$\beta=\frac{H_0}{h}=\frac{2.1}{0.19}=11.05<\mu_1\mu_2[\beta]=1\times0.8\times2.4=19.2$$

高厚比满足要求。

（3）底层纵墙高厚比验算（只验算外纵墙）

底层墙高 $H=4.1\text{m}$，墙厚 $h=190\text{mm}$，采用 Mb7.5 砂浆，$[\beta]=26$。

① 整片墙高厚比验算

$$s=3\times3.6=10.8(\text{m})>2H=8.2(\text{m})，\ H_0=1.0H=4.1(\text{m})$$

承重墙：$\mu_1=1.0$

$$\mu_2=1-0.4\frac{b_s}{s}=1-0.4\times\frac{1.8\times3}{3.6\times3}=0.8>0.7$$

由于设有构造柱，且 $0.05<\dfrac{b_c}{l}=\dfrac{250}{3600}=0.069<0.25$，故

$$\mu_c=1+\gamma\frac{b_c}{l}=1+1.0\times0.069=1.069$$

$$\beta=\frac{H_0}{h}=\frac{4.1}{0.19}=21.58<\mu_1\mu_2\mu_c[\beta]=1.0\times0.8\times1.069\times26=22.24$$

高厚比满足要求。

② 构造柱间墙高厚比验算

构造柱间距 $s=3.6\text{m}$，$H=4.1\text{m}$，$s<H$，$H_0=0.6s=0.6\times3.6=2.16(\text{m})$

承重墙：$\mu_1=1.0$

$$\mu_2=1-0.4\frac{b_\text{s}}{s}=1-0.4\times\frac{1.8}{3.6}=0.8>0.7$$

$$\beta=\frac{H_0}{h}=\frac{2.16}{0.19}=11.37<\mu_1\mu_2[\beta]=1.0\times0.8\times26=20.8$$

高厚比满足要求。

2. 横墙高厚比验算

（1）确定静力计算方案

最大横墙间距 $s=6.3\text{m}<32\text{m}$，属刚性方案。

（2）二、三层横墙高厚比验算

二、三层墙高 $H=3.3\text{m}$，墙厚 $h=190\text{mm}$，采用 Mb5 砂浆，$[\beta]=24$。

$H=3.3\text{m}<s<2H=6.6\text{m}$，$H_0=0.4s+0.2H=0.4\times6.3+0.2\times3.3=3.18(\text{m})$

承重墙：$\mu_1=1.0$

无门窗洞口：$\mu_2=1.0$

由于设有构造柱，且 $\dfrac{b_\text{c}}{l}=\dfrac{190}{6300}=0.03<0.05$，故不考虑构造柱的影响，即 $\mu_\text{c}=1.0$

$$\beta=\frac{H_0}{h}=\frac{3.18}{0.19}=16.74<\mu_1\mu_2\mu_\text{c}[\beta]=1.0\times1.0\times1.0\times24=24$$

高厚比满足要求。

（3）底层横墙高厚比验算

底层墙高 $H=4.1\text{m}$，墙厚 $h=190\text{mm}$，采用 Mb7.5 砂浆，$[\beta]=26$。

$H=4.1\text{m}<s<2H=8.2\text{m}$，$H_0=0.4s+0.2H=0.4\times6.3+0.2\times4.1=3.34(\text{m})$

承重墙：$\mu_1=1.0$

无门窗洞口：$\mu_2=1.0$

由于设有构造柱，且 $\dfrac{b_\text{c}}{l}=\dfrac{190}{6300}=0.03<0.05$，故不考虑构造柱的影响，即 $\mu_\text{c}=1.0$

$$\beta=\frac{H_0}{h}=\frac{3.34}{0.19}=17.58<\mu_1\mu_2\mu_\text{c}[\beta]=1.0\times1.0\times1.0\times26=26$$

高厚比满足要求。

5.4　混合结构房屋墙、柱设计

5.4.1　单层房屋墙、柱设计

5.4.1.1　单层刚性方案房屋墙、柱计算

（1）计算单元与计算简图

单层房屋用刚性方案时，应选荷载较大、截面削弱较多的代表性墙段为计算单元，一般

取一开间为计算单元。当纵墙上开有门窗洞口时，取窗间墙作为计算截面。当承重纵墙无门窗洞口时，可取 1m 墙长为计算单元。

对于刚性方案单层房屋，纵墙墙顶的水平位移很小，静力分析时可以认为水平位移为零，计算时采用下列假定。

① 纵墙、柱下端与基础固结；

② 屋盖刚度无限大，纵墙、柱上端可视屋盖为墙、柱的水平方向不动铰支座。

根据上述假定，可将结构简化为单层单跨无侧移排架，如图 5-13 所示。由于墙顶无侧移，两墙可以单独进行内力分析，每片纵墙可以按上端支撑在不动铰支座和下端支撑在固定支座上的竖向构件单独计算，使计算工作大为简化。

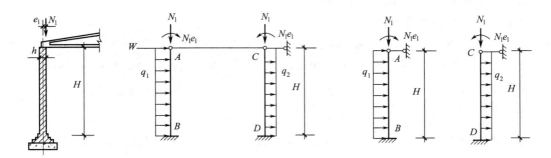

图 5-13　单层刚性方案房屋墙、柱内力分析

（2）荷载及内力分析

作用在墙体上的荷载有屋盖荷载、风荷载和墙体自重。

① 屋盖荷载　屋盖荷载包括屋面恒荷载（屋盖构件自重）、屋面活荷载或雪荷载，它们以集中力 N_1 的形式通过屋架或屋面梁作用于墙体顶部。相对于墙体中心线而言，N_1 往往存在偏心距 e_1，因此，屋面荷载由轴向力 N_1 和弯矩 $M=N_1e_1$ 组成。对屋架，N_1 作用点一般距墙体中心线 150mm；对屋面梁，N_1 距墙体边缘的距离为 $0.4a_0$，a_0 为梁端有效支承长度。由屋面荷载产生的内力（图 5-14）如下。

$$\left.\begin{array}{l} R_A=-R_B=-\dfrac{3M}{2H} \\[2mm] M_A=M=N_1e_1 \\[2mm] M_B=-\dfrac{M}{2} \\[2mm] M_x=\dfrac{M}{2}\left(2-\dfrac{3x}{H}\right) \end{array}\right\} \tag{5-10}$$

② 风荷载　风荷载包括作用于屋面上和墙面上的风荷载。屋面上（包括女儿墙上）的风荷载可简化为作用于墙、柱顶部的集中荷载 W，对于刚性方案房屋，它直接通过屋盖传至横墙，再由横墙传给基础和地基，在纵墙内不产生内力，故纵墙计算中可不考虑屋面风荷载 W 的作用。作用于墙面上的风荷载一般简化为沿高度均匀分布的线荷载 q，需按迎风面、

背风面分别考虑。在 q 作用下，墙体的内力（图 5-15）如下。

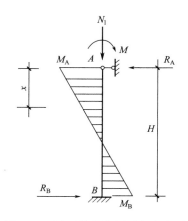 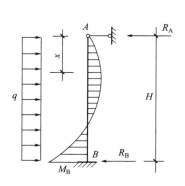

图 5-14　屋面荷载作用下的内力图　　　图 5-15　风荷载作用下内力图

$$\left.\begin{array}{l} R_{A}=\dfrac{3}{8}qH \\[2mm] R_{B}=\dfrac{5}{8}qH \\[2mm] M_{B}=\dfrac{1}{8}qH^{2} \\[2mm] M_{x}=-\dfrac{1}{8}qHx\left(3-4\dfrac{x}{H}\right) \end{array}\right\} \tag{5-11}$$

且当 $x=\dfrac{3}{8}H$ 时，$M_{max}=-\dfrac{9}{128}qH^{2}$。计算时，迎风面 $q=q_{1}$，背风面 $q=q_{2}$。

③ 墙体自重　墙体自重包括砌体、内外粉刷及门窗的自重，作用在墙体的轴线上。对等截面的墙和柱，其自重只产生轴力，不引起弯矩。但对变截面阶形的墙和柱，上阶墙柱的自重 G_{1} 对下阶墙柱各截面产生弯矩 $M=G_{1}e_{1}$（e_{1} 为上、下阶墙柱轴线间的距离）。

（3）控制截面与承载力验算

在进行承载力验算时，墙截面宽度一般取窗间墙宽度，其控制截面为：墙柱的上端截面Ⅰ—Ⅰ、下端截面Ⅱ—Ⅱ和在风荷载作用下的最大弯矩截面Ⅲ—Ⅲ，见图 5-16。

设计时，应先求出各种荷载单独作用下的内力，然后将可能同时作用的荷载产生的内力进行组合，求出上述控制截面中的最大内力，作为选择墙截面尺寸和进行承载力验算的依据。

截面Ⅰ—Ⅰ既要验算偏心受压承载力，又要验算梁下砌体的局部受压承载力。截面Ⅱ—Ⅱ，承受有最大的轴向力和相应的弯矩，需按偏心受压进行承载力验算。截面Ⅲ—Ⅲ需要根据相应的 M 和 N 按偏心受压进行承载力验算。

5.4.1.2　单层弹性方案墙、柱计算

（1）计算单元与计算简图

以单层单跨的房屋为例，一般取有代表性的一个开间为计算单元。该计算单元的结构可

简化为一个按屋架（或屋面梁）与墙铰接、不考虑空间作用的平面排架（图 5-17）计算。屋架（或屋面梁）视作刚度无限大的系杆，在荷载作用下柱顶的水平位移相等。即按有侧移的平面排架进行墙、柱的分析，由此求得墙体的内力。

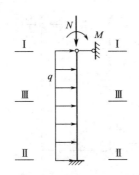 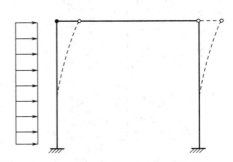

图 5-16　墙柱控制截面位置　　　　图 5-17　单层弹性方案房屋计算简图

（2）荷载及内力分析

弹性方案单层房屋，作用在墙体上的荷载有屋盖荷载和风荷载。

① 屋盖荷载　如房屋对称，两边墙（柱）的刚度相同，屋盖传下的竖向荷载亦为对称，则排架柱顶不发生侧移，即柱顶水平位移为零，此时，弹性方案房屋受力特点及内力计算结果均与刚性方案相同。对于一般不对称的情况，可按下述水平风荷载作用下的方法计算。

② 风荷载　风荷载作用于屋面和墙面。作用于屋面的风荷载可简化为作用于墙（柱）顶的集中力 W，作用于迎（背）风墙面的风荷载简化为沿高度均匀分布的线荷载 q_1（q_2）。在风荷载作用下排架产生水平侧移，假定在排架顶端加一个不动铰支座，与刚性方案相同。

对于单跨的弹性方案房屋，其计算简图如图 5-18(a) 所示，按平面排架进行分析的计算步骤如下：

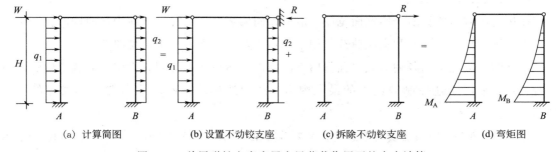

(a) 计算简图　　　(b) 设置不动铰支座　　　(c) 拆除不动铰支座　　　(d) 弯矩图

图 5-18　单层弹性方案房屋在风荷载作用下的内力计算

第一步：先在排架上端加不动铰支座，成为无侧移的排架，见图 5-18（b）。此时的受力特点与刚性方案相同。

屋盖荷载作用下，对图 5-19 所示的单层单跨等高房屋，其两边墙（柱）的刚度相等，当荷载对称时，排架柱顶不发生侧移，可求出内力为：

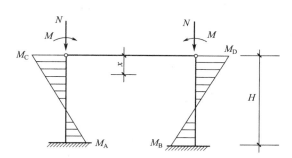

图 5-19　单层弹性方案房屋在屋盖荷载作用下的内力计算

$$
\left.
\begin{aligned}
M_C &= M_D = M \\
M_A &= M_B = -\frac{M}{2} \\
M_x &= \frac{M}{2}\left(2 - 3\frac{x}{H}\right)
\end{aligned}
\right\}
\tag{5-12}
$$

风荷载作用下内力计算如下：

$$
\left.
\begin{aligned}
R &= W + \frac{3}{8}(q_1 + q_2)H \\
M_{A(b)} &= \frac{1}{8}q_1 H^2 \\
M_{B(b)} &= -\frac{1}{8}q_2 H^2
\end{aligned}
\right\}
\tag{5-13}
$$

第二步：把已求出的不动铰支座反力 R 反方向作用于排架顶端，由图 5-18(c) 可得：

$$
\left.
\begin{aligned}
M_{A(c)} &= \frac{1}{2}RH = \frac{H}{2}\left[W + \frac{3}{8}(q_1 + q_2)H\right] = \frac{W}{2}H + \frac{3}{16}(q_1 + q_2)H^2 \\
M_{B(c)} &= -\frac{1}{2}RH = -\frac{H}{2}\left[W + \frac{3}{8}(q_1 + q_2)H\right] = \frac{W}{2}H + \frac{3}{16}(q_1 + q_2)H^2
\end{aligned}
\right\}
\tag{5-14}
$$

第三步：叠加图 5-18(b)、(c) 的内力，即可得：

$$
\left.
\begin{aligned}
M_A &= M_{A(b)} + M_{A(c)} = \frac{W}{2}H + \frac{5}{16}q_1 H^2 + \frac{3}{16}q_2 H^2 \\
M_B &= M_{B(b)} + M_{B(c)} = -\left(\frac{W}{2}H + \frac{5}{16}q_2 H^2 + \frac{3}{16}q_1 H^2\right)
\end{aligned}
\right\}
\tag{5-15}
$$

（3）控制截面与承载力验算

对于单层单跨弹性方案的房屋，墙（柱）的控制截面可取墙（柱）顶和墙（柱）底截面，并按偏心受压构件计算承载力。墙（柱）顶尚需验算支承处的局部受压承载力，变截面柱尚应验算变阶处截面的承载力。

5.4.1.3　单层刚弹性方案墙、柱计算

（1）计算简图

刚弹性方案单层房屋的空间刚度介于弹性方案与刚性方案之间。由于房屋的空间作用，墙（柱）顶在水平方向的侧移受到一定的约束作用。其计算简图与弹性方案的计算简图相类

似，所不同的是在排架柱顶加上一个弹性支座，以考虑房屋的空间工作，弹性支座的刚度与房屋空间性能影响系数 η 有关，其计算简图如图 5-20 所示。

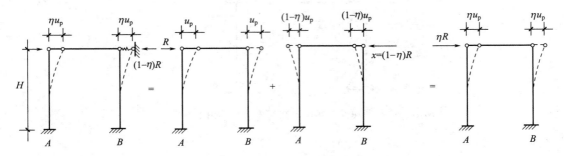

图 5-20　单层刚弹性方案房屋的计算简图

（2）荷载及内力分析

对于单层刚弹性方案房屋的墙体，作用在墙体上的荷载可分解为屋盖荷载和风荷载两部分。

① 屋盖荷载　屋盖荷载作用下，如房屋及荷载对称，则房屋无侧移，其内力计算结果与刚性方案相同。

② 风荷载　在风荷载作用下，由于要考虑单层刚弹性方案房屋的空间作用，当排架柱顶作用一集中力 R 时，其柱顶的水平位移为 $u_s = \eta u_p$，较平面排架的柱顶水平位移 u_p 减小，其差值为：

$$u_p - u_s = (1-\eta)u_p \tag{5-16}$$

设 x 为弹性支座反力，根据位移与内力成正比的关系可求出此反力 x，即为：

$$\left. \begin{array}{l} \dfrac{u_p}{(1-\eta)u_p} = \dfrac{R}{x} \\[2mm] x = (1-\eta)R \end{array} \right\} \tag{5-17}$$

因此，对于刚弹性方案单层房屋的内力计算，只需在弹性方案单层房屋的计算简图上，加一个由空间工作引起的弹性支座反力 $(1-\eta)R$ 的作用即可，如图 5-21 所示。内力分析步骤如下：

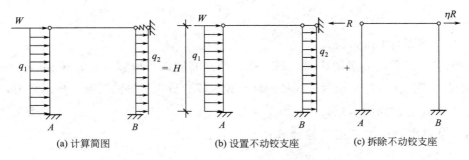

| (a) 计算简图 | (b) 设置不动铰支座 | (c) 拆除不动铰支座 |

图 5-21　单层刚弹性方案房屋内力计算

第一步：先在排架柱顶端附加一个水平不动铰支座，得到无侧移排架，用与刚性方案同样的方法求出在已知荷载作用下不动铰支座反力 R。

第二步：将已求出的不动铰支座反力 R 反方向作用于排架顶端，与反向的柱顶弹性支座反力 $(1-\eta)R$ 进行叠加，然后按平面排架求出内力。由于 $R-(1-\eta)R=\eta R$，只需把 ηR 反向作用于排架顶端，就可直接求出这种情况下的内力。

第三步：叠加上述两步的计算结果，即可求得刚弹性方案的计算结果如下：

$$
\left.
\begin{aligned}
M_A &= \frac{\eta W}{2}H+\left(\frac{1}{8}+\frac{3\eta}{16}\right)q_1H^2+\frac{3\eta}{16}q_2H^2 \\
M_B &= -\left[\frac{\eta W}{2}H+\left(\frac{1}{8}+\frac{3\eta}{16}\right)q_2H^2+\frac{3\eta}{16}q_1H^2\right]
\end{aligned}
\right\}
\tag{5-18}
$$

5.4.2　多层房屋墙、柱设计

5.4.2.1　多层刚性方案房屋墙、柱计算

对于多层民用建筑房屋，如住宅、教学楼、办公楼等，由于横墙间距小，一般属于刚性方案。设计时既需要验算墙体的高厚比，又要验算承重墙体的承载力。

（1）承重纵墙的计算

① 计算单元　混合结构房屋的纵墙一般比较长，设计时可以取其中有代表性的一段墙柱作为计算单元。如图 5-22 所示，有门窗洞口时，内、外纵墙的计算截面的宽度 B 一般取一个开间的门间墙和窗间墙的宽度；无门窗洞口时，计算截面的宽度取 $\dfrac{l_1+l_2}{2}$。如壁柱的距离较大且层高较小时，B 可以按下式取用：

$$
B=b+\frac{2}{3}H\leqslant\frac{l_1+l_2}{2}
\tag{5-19}
$$

式中　b——壁柱的宽度。

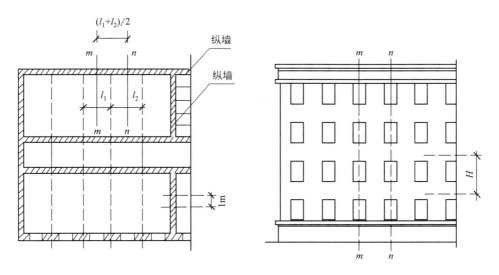

图 5-22　多层刚性方案房屋计算单元

② 竖向荷载作用下的计算

a. 计算简图。在竖向荷载作用下，多层房屋的墙、柱在每层高度范围内，可近似地视作两端铰支的竖向构件。

由于楼盖的梁（或板）搁置于墙体内，削弱了墙体的截面，并使其连续性受到影响，因此可以认为，在墙体被削弱的截面上，所能传递的弯矩较小，为了简化计算，可近似地假定墙体在楼盖处为铰接。基础顶面，由于轴向压力较大，弯矩相对较小，按轴心受压和偏心受压计算的结果相差不大，墙体在基础顶面也可假定为铰接，计算简图如图 5-23（a）所示。因此，在竖向荷载作用下，刚性方案多层房屋的墙体在每层高度范围内，均可简化为两端铰接的竖向构件进行计算。

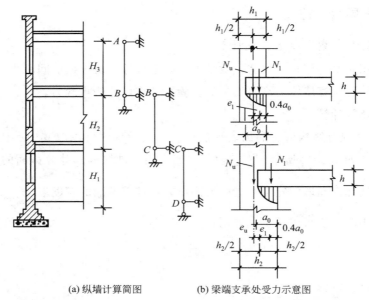

(a) 纵墙计算简图　　(b) 梁端支承处受力示意图

图 5-23　多层刚性方案房屋墙体在竖向荷载作用下的计算简图

b. 荷载及内力分析。按照上述假定，多层房屋上下层墙体在楼盖支承处均为铰接。在计算某层墙体时，以上各层荷载传至该层墙体顶端支承截面处弯矩为零，而所计算层墙体顶面处，由楼盖传来的竖向力则应考虑其偏心距，梁端支承处受力如图 5-23（b）所示。实践证明，这种假定既偏于安全，又基本符合实际。

以图 5-24 所示某三层办公楼的第二层和第一层砖墙为例，来说明其内力计算方法。

第二层墙体，其受力情况如图 5-24（a）所示。

上端Ⅰ—Ⅰ截面

$$\left.\begin{array}{l} N_{\text{I}} = N_{\text{u}} + N_1 \\ M_{\text{I}} = N_1 e_1 \end{array}\right\} \tag{5-20}$$

下端Ⅱ—Ⅱ截面

$$\left.\begin{array}{l} N_{\text{II}} = N_{\text{u}} + N_1 + G \\ M_{\text{II}} = 0 \end{array}\right\} \tag{5-21}$$

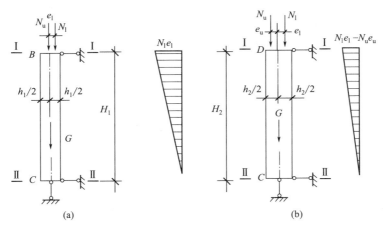

图 5-24　墙体受力分析

对底层墙，当上下层墙厚不同时，沿上层墙体轴线传来的轴向力 N_u 对下层墙体将产生偏心距 e_u，如图 5-24(b) 所示。内力计算为：

上端 Ⅰ—Ⅰ 截面

$$\left.\begin{array}{l} N_{\text{Ⅰ}} = N_u + N_l \\ M_{\text{Ⅰ}} = N_l e_l - N_u e_u \end{array}\right\} \tag{5-22}$$

下端 Ⅱ-Ⅱ 截面

$$\left.\begin{array}{l} N_{\text{Ⅱ}} = N_u + N_l + G \\ M_{\text{Ⅱ}} = 0 \end{array}\right\} \tag{5-23}$$

式中　N_l——本层墙顶楼盖的梁或板传来的荷载，即支承压力；

e_l——N_l 对本层墙体截面形心线的偏心距，一般矩形墙体取 $e_l = \dfrac{h}{2} - 0.4 a_0$；

N_u——由上层墙传来的荷载；

e_u——N_u 对本层墙体截面形心线的偏心距，当墙体一侧加厚时取 $e_u = \dfrac{1}{2}(h_1 - h_2)$；

G——本层墙体自重（包括内外粉刷、门窗自重等）。

③ 水平荷载作用下的计算　在水平荷载（风荷载）作用下，墙体被视作一竖向连续梁，见图 5-25。为简化计算，《砌体结构设计规范》（GB 50003—2011）规定，由风荷载设计值所引起的弯矩可近似按下式计算：

$$M = \frac{q H_i^2}{12} \tag{5-24}$$

式中　H_i——第 i 层层高；

q——沿楼层高均布的风荷载设计值。

对刚性方案的房屋，风荷载所引起的内力一般不足全

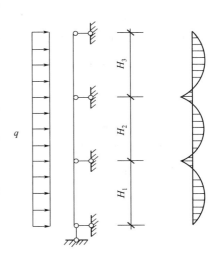

图 5-25　水平荷载作用下的计算简图

部内力的 5%。因此，《砌体结构设计规范》（GB 50003—2011）规定，当刚性方案多层房屋的外墙符合下列要求时，静力计算可不考虑风荷载的影响。

① 洞口水平截面面积不超过全截面面积的 2/3；

② 层高和总高不超过表 5-5 的规定；

③ 屋面自重不小于 0.8kN/m²。

表 5-5　外墙不考虑风荷载影响时的最大高度

基本风压值/(kN/m²)	层高/m	总高/m
0.4	4.0	28
0.5	4.0	24
0.6	4.0	18
0.7	3.5	18

注：对于多层混凝土砌块房屋，当外墙厚度不小于 190mm、层高不大于 2.8m、总高不大于 19.6m、基本风压不大于 0.7kN/m² 时，可不考虑风荷载的影响。

④ 控制截面与承载力验算　多层刚性方案承重纵墙，对每层墙体上截面Ⅰ—Ⅰ和下截面Ⅱ—Ⅱ两个控制截面进行承载力验算。Ⅰ—Ⅰ截面位于该层墙体顶部大梁（或板）底；Ⅱ—Ⅱ截面位于该层墙体下部大梁（或板）顶稍上的截面，对底层墙体的Ⅱ-Ⅱ截面可取基础顶面处截面。

在截面Ⅰ—Ⅰ处应按偏心受压验算承载力，并验算梁下砌体的局部受压承载力。在截面Ⅱ—Ⅱ处一般应按轴心受压验算承载力。若需考虑风荷载，截面Ⅱ—Ⅱ处的弯矩为 $M=\frac{1}{12}qH_i^2$，故需按偏心受压进行承载力计算。对多层房屋，若每层墙体的截面和砂浆强度等级相同，只需验算内力最大的底层即可，否则应取截面或材料强度等级变化层进行验算。

当楼面支撑在墙上时，梁端上下的墙体对梁端转动有一定的约束作用，因而梁端也有一定的约束弯矩。当梁的跨度较小时，约束弯矩可以忽略不计；但当梁的跨度较大时，约束弯矩不可忽略，约束弯矩将在梁端上下墙体内产生弯矩，使墙体偏心距增大。为了防止这种情况的发生，对于梁跨度大于 9m 的墙承重的多层房屋，除按上述方法计算墙体承载力外，宜再按梁端固结计算梁端弯矩，再将其乘以修正系数 γ 后，按墙体线性刚度分配到上层墙底部和下层墙顶部，修正系数 γ 可按下式计算：

$$\gamma=0.2\sqrt{\frac{a}{h}} \tag{5-25}$$

式中　a——梁端实际支撑长度；

h——支承墙体的厚度，当上下墙体厚度不同时取下部墙体厚度，当有壁柱时取 h_T。

（2）承重横墙的计算

① 计算单元与计算简图　通常可取宽度为 1m 的横墙作为计算单元。每层横墙视为两端铰支的竖向构件。每层构件高度 H 的取值与纵墙相同，但当顶层为坡顶时，其层高取层高加山墙尖高的 1/2（图 5-26）。

② 荷载分析　横墙除自重外主要承受本层两侧楼（屋）盖传来的力 N_{l1}、N_{l2} 以及以上

各层传来的轴力 N_u（图 5-27），N_u包括上部屋盖和楼盖传来的荷载以及上部墙体的自重。

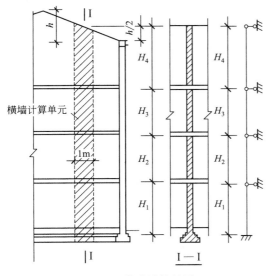

图 5-26　横墙计算简图

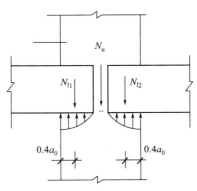

图 5-27　横墙承受的荷载

③ 控制截面与承载力验算　承重横墙每层墙体控制截面的选取与承重纵墙相同。当墙两侧开间相等且楼面荷载相等时，楼盖传来的轴向力 N_{11} 与 N_{12} 相同，一般按轴心受压计算，此时可只以各层墙体底部截面 II—II 作为控制截面计算截面的承载力，该截面轴力最大。若相邻两开间不等或楼面荷载不相等时横墙两边楼盖传来的荷载不同，则作用于该层墙体顶部 I—I 截面的偏心荷载将产生弯矩，I—I 截面应按偏心受压验算截面承载力。如有支承梁时，还需验算梁端砌体局部受压承载力。

5.4.2.2　多层弹性方案房屋墙、柱计算

（1）计算简图

对于多层弹性方案房屋而言，楼（屋）面梁与墙体的连接介于铰接和刚接之间，应视具体情况确定计算简图。

当楼盖梁的支承长度较小时，由于大梁的局部压力作用，梁下砌体产生较大的压缩变形，梁端随之下沉，使大梁顶面与上部砌体脱离，梁端自由转动而不受梁上墙体的约束，在这种情况下，采用梁与墙铰接的计算模式是合理的。

当梁或板的支承长度较大，特别是在梁与梁垫或墙上的现浇圈梁整体浇筑且上部荷载足够大时，梁端将受到较大的嵌固作用。此时，梁与墙接近刚性连接，按刚架分析结构内力将更符合实际。对于顶层，由于屋面梁端上部压力不足，嵌固作用较小，顶层仍取与墙（柱）铰接。

（2）内力计算

内力分析的基本思路与单层相类似，也可采用叠加法。只需在每个楼（屋）盖处加水平约束连杆，求出约束反力后，再把这些力反向施加在结构上，即可求得弹性方案多层房屋的内力。

最后要指出的是，弹性方案的房屋一般为单层，因为多层弹性方案的房屋空间整体性较差，在受力上不够合理。对于层高和跨度较大而又比较空旷的多层房屋，应尽量避免设计成弹性方案。当难以避免而采用弹性方案时，为确保设计安全，宜按梁与墙铰接分析横梁内力，按梁与墙刚接验算墙体承载力。由于铰接点构造和计算均较简单，对不均匀沉降也较不敏感，故对一般多层房屋，均可按梁与墙铰接设计，并在构造上尽量减少墙体对梁端的约束作用。

5.4.2.3 多层刚弹性方案房屋墙、柱计算

（1）竖向荷载作用下的内力计算

对于一般形状较规则的多层多跨房屋，在竖向荷载作用下产生的水平位移比较小，为简化计算，可忽略水平位移对内力的影响，近似地按多层刚性方案房屋计算其内力。

（2）水平荷载作用下的内力计算

多层房屋与单层房屋不同，它不仅在房屋纵向各开间之间存在着空间作用，而且沿房屋竖向各楼层也存在着空间作用，而且这种层间的空间作用还相当强。因此，多层房屋的空间作用比单层房屋的空间作用要大。为了简化计算，《砌体结构设计规范》（GB 50003—2011）规定，多层房屋每层的空间性能影响系数 η，可根据楼盖或屋盖的类别按表 5-1 选用。

现以最简单的两层单跨对称的刚弹性方案房屋为例，如图 5-28（a）所示，说明其在水平荷载作用下的计算方法与步骤。

第一步：在两个结点处附加不动铰支座，按刚性方案计算出在水平荷载 q 作用下两柱的内力和不动铰支座反力 R_1、R_2，如图 5-28（b）所示。

第二步：将 R_1、R_2 分别乘以空间性能影响系数 η，反向作用于结点上，如图 5-28（c）所示，求出两柱的弯矩和剪力。

第三步：将上述两步的计算结果叠加，即可求得最后的弯矩值和剪力值。

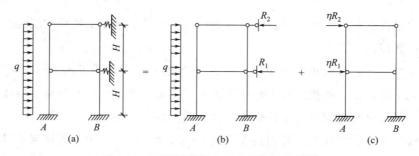

图 5-28 两层刚弹性方案房屋的内力计算

例 5-4

某三层办公楼结构平面、剖面如图 5-29 所示，采用装配式钢筋混凝土楼盖，底层采用 MU10 单排孔混凝土小型空心砌块，Mb7.5 砂浆砌筑；二至三层采用 MU7.5 单排孔混凝土小型空心砌块，Mb5 砂浆砌筑，墙厚 190mm；图中梁 L-1 截面为 250mm×600mm，梁端伸入墙内 190mm；窗宽 180mm、高 1500mm；层高为 3.3m，一层墙从楼板顶面到基础顶

面距离为 4.1m，窗洞宽均为 1800mm，门洞宽均为 1000mm；施工质量控制等级为 B 级。试验算各承重墙的承载力。

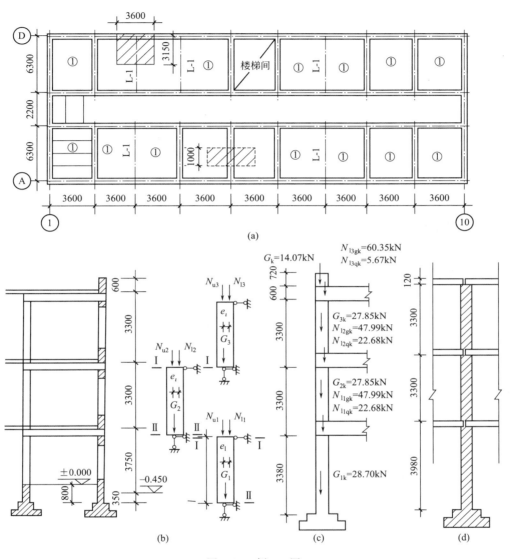

图 5-29　例 5-4 图

[**解**]　1. 确定静力计算方案

该房屋屋盖为装配式钢筋混凝土屋盖，属第 1 类，由于 $s = 3.6 \times 3 = 10.8(m) < 32(m)$，根据屋盖（楼盖）类型及横墙间距，查得该房屋属于刚性方案房屋，且可不必考虑风荷载的影响。

2. 荷载计算

由《建筑结构荷载规范》（GB 50009—2012）和屋面、楼面及墙面的构造做法可求出各类荷载值如下：

(1) 屋面荷载

屋面恒荷载标准值：$4.28kN/m^2$。

屋面活荷载标准值：$0.5kN/m^2$（不上人屋面，取屋面均布活荷载和雪荷载的较大值），组合值系数 $\psi_c=0.7$。

(2) 楼面荷载

楼面恒荷载标准值：$3.19kN/m^2$。

楼面活荷载标准值：$2.0kN/m^2$，组合值系数 $\psi_c=0.7$。

(3) 墙体荷载

190mm 混凝土小型空心砌块墙体双面水泥砂浆粉刷20mm：$2.96kN/m^2$。

铝合金窗：$0.25kN/m^2$。

(4) L-1梁自重：$0.25\times0.6\times25=3.75(kN/m^2)$

3. 纵墙内力计算和截面承载力验算

(1) 计算单元

外纵墙取一个开间为计算单元，根据梁板布置情况，取图5-29(a)中斜实线部分为外纵墙计算单元的受荷面积，窗间墙为计算截面。纵墙承载力由外纵墙（A、D轴线）控制，内纵墙洞口面积小，不起控制作用，不必计算。

(2) 控制截面

由于一层和二、三层砂浆强度等级不同，需验算一层和二层墙体的承载力，每层每墙取两个控制截面Ⅰ—Ⅰ和Ⅱ—Ⅱ［图5-29(b)］。墙上部取梁底下砌体截面，该截面弯矩最大；墙下部取梁底稍上砌体截面，该截面轴力最大。二、三层砌体抗压强度设计值 $f=1.71MPa$，一层砌体抗压强度设计值 $f=2.5MPa$，每层墙体计算的面积为：

$$A_1=A_2=A_3=190\times1800=342000(mm^2)$$

(3) 各层墙体内力标准值

① 各层墙重

a. 女儿墙及顶层梁高范围内墙重：

女儿墙高度为600mm，屋面板或楼板的厚度为120mm，梁的高度为600mm，则

$$G_k=(0.6+0.12+0.6)\times3.6\times2.96=14.07(kN)$$

b. 二至三层墙重（从上一层梁底面到下一层梁底面）：

$$G_{2k}=G_{3k}=(3.6\times3.3-1.8\times1.5)\times2.96+1.8\times1.5\times0.25=27.85(kN)$$

c. 底层墙重（大梁底面到基础顶面）：

$$G_{1k}=(3.6\times3.38-1.8\times1.5)\times2.96+1.8\times1.5\times0.25=28.70(kN)$$

② 屋面梁支座反力

由恒荷载标准值传来 $N_{l3gk}=\dfrac{1}{2}\times(4.28\times3.6\times6.3+3.75\times6.3)=60.35(kN)$

由活荷载标准值传来 $N_{l3qk}=\dfrac{1}{2}\times0.5\times3.6\times6.3=5.67(kN)$

有效支撑长度

$$a_{03}=10\sqrt{\frac{h_c}{f}}=10\times\sqrt{\frac{600}{1.71}}=187.3(\text{mm})<190(\text{mm})，取 a_{03}=187.3\text{mm}$$

③ 楼面支座反力

由恒荷载标准值传来 $N_{12gk}=N_{11gk}=\frac{1}{2}\times(3.19\times3.6\times6.3+3.75\times6.3)=47.99(\text{kN})$

由活荷载标准值传来 $N_{12qk}=N_{11qk}=\frac{1}{2}\times2.0\times3.6\times6.3=22.68(\text{kN})$

二层楼面梁有效支撑长度 $a_{02}=a_{03}=187.3\text{mm}$

一层楼面梁有效支撑长度 $a_{01}=10\sqrt{\frac{h_c}{f}}=10\times\sqrt{\frac{600}{2.5}}=154.9(\text{mm})$

各层墙体承受的轴向力标准值如图 5-29(c) 所示。

（4）内力分析

① 二层墙Ⅰ—Ⅰ截面

$$N_{2\text{Ⅰ}}=1.3\times(G_k+G_{3k}+N_{13gk}+N_{12gk})+1.5\times(N_{13qk}+N_{12qk})$$
$$=1.3\times(14.07+27.85+60.35+47.99)+1.5\times(5.67+22.68)$$
$$=195.34+42.53=237.87(\text{kN})$$

$$N_{12}=1.3N_{12gk}+1.5N_{12qk}=1.3\times47.99+1.5\times22.68=96.41(\text{kN})$$

$$e_{12}=\frac{190}{2}-0.4a_{02}=95-0.4\times187.3=20.1(\text{mm})$$

$$e=\frac{N_{12}e_{12}}{N_{2\text{Ⅰ}}}=\frac{96.41\times20.1}{237.87}=8.15(\text{mm})$$

② 二层墙Ⅱ—Ⅱ截面

$$N_{2\text{Ⅱ}}=1.3G_{2k}+N_{2\text{Ⅰ}}=1.3\times27.85+237.87=274.08(\text{kN})$$

③ 一层墙Ⅰ—Ⅰ截面（考虑二至三层楼面活荷载折减系数 0.85）

$$N_{1\text{Ⅰ}}=1.3\times(G_k+G_{3k}+G_{2k}+N_{13gk}+N_{12gk}+N_{11gk})+1.5\times[N_{13qk}+0.85\times(N_{12qk}+N_{11gk})]$$
$$=1.3\times(14.07+27.85\times2+60.35+47.99\times2)+1.5\times(5.67+0.85\times22.68\times2)$$
$$=293.93+66.34=360.27(\text{kN})$$

$$N_{11}=N_{12}=1.3N_{12gk}+1.5N_{12qk}=1.3\times47.99+1.5\times22.68=96.41(\text{kN})$$

$$e_{11}=\frac{190}{2}-0.4a_{01}=95-0.4\times154.9=33.04(\text{mm})$$

$$e=\frac{N_{11}e_{11}}{N_{1\text{Ⅰ}}}=\frac{96.41\times33.04}{360.27}=8.84(\text{mm})$$

④ 一层墙Ⅱ—Ⅱ截面

$$N_{1\text{Ⅱ}}=1.3G_{1k}+N_{1\text{Ⅰ}}=1.3\times28.70+360.3=397.61(\text{kN})$$

（5）截面承载力验算

① 二层墙Ⅰ—Ⅰ截面

$$A = 342000\text{mm}^2, f = 1.71\text{MPa}, H_0 = 3300(\text{mm})$$

$$\beta = \gamma_\beta \frac{H_0}{h} = 1.1 \times \frac{3300}{190} = 19.1$$

$$e = 8.15\text{mm} < 0.6y = 0.6 \times 95 = 57(\text{mm})$$

$$\frac{e}{h} = \frac{8.15}{190} = 0.043$$

查表可得 $\varphi = 0.56$，则

$$\varphi f A = 0.56 \times 1.71 \times 342000 = 327.5 \times 10^3(\text{N}) = 327.5(\text{kN}) > N_{2\text{I}} = 237.87(\text{kN})$$

截面承载力满足要求。

② 二层墙Ⅱ—Ⅱ截面

按轴心受压计算，$\beta = 19.1$，查表 $\varphi = 0.643$

$$\varphi f A = 0.643 \times 1.71 \times 342000 = 376.04 \times 10^3(\text{N}) = 376.04(\text{kN}) > N_{2\text{II}} = 274.08(\text{kN})$$

截面承载力满足要求。

③ 一层墙Ⅰ—Ⅰ截面

$$A = 342000\text{mm}^2, f = 2.5\text{MPa}, H_0 = 4100\text{mm}$$

$$\beta = \gamma_\beta \frac{H_0}{h} = 1.1 \times \frac{4100}{190} = 23.74$$

$$e = 8.84(\text{mm}) < 0.6y = 0.6 \times 95 = 57(\text{mm})$$

$$\frac{e}{h} = \frac{8.84}{190} = 0.047$$

查表可得 $\varphi = 0.46$，则

$$\varphi f A = 0.46 \times 2.50 \times 342000 = 393.3 \times 10^3(\text{N}) = 393.3(\text{kN}) > N_{1\text{I}} = 360.3(\text{kN})$$

截面承载力满足要求。

④ 一层墙Ⅱ—Ⅱ截面

按轴心受压计算，$\beta = 23.74$，查表 $\varphi = 0.545$

$$\varphi f A = 0.545 \times 2.5 \times 342000 = 465.98 \times 10^3(\text{N}) = 465.98(\text{kN}) > N_{2\text{I}} = 397.61(\text{kN})$$

(6) 梁下局部承压验算（仅验算底层，其余层可参照进行）

$$\psi N_0 + N_1 \leqslant \eta \gamma f A_1$$

$$a_0 = a_{01} = 154.9\text{mm}$$

$$A_1 = a_0 b = 154.9 \times 190 = 29431(\text{mm}^2) = 0.0294(\text{m}^2)$$

$$A_0 = (250 + 2 \times 190) \times 190 = 119700(\text{mm}^2) = 0.1197(\text{m}^2)$$

$\dfrac{A_0}{A_1} = \dfrac{0.1197}{0.0294} = 4.07 > 3.0$，则 $\psi = 0$，可不考虑上部荷载的影响。

$$\gamma = 1 + 0.35 \sqrt{\frac{A_0}{A_1} - 1} = 1 + 0.35 \sqrt{\frac{0.1197}{0.0294} - 1} = 1.60 < 2.0$$

$$\eta = 0.7$$

$$\eta \gamma f A_1 = 0.7 \times 1.6 \times 2.5 \times 0.0294 \times 10^3\text{N} = 82.32(\text{kN}) < 96.41(\text{kN})$$

局部受压承载力不满足要求，可以梁底设刚性垫块，计算略。

4. 横墙内力计算和承载力验算

取 1m 宽墙体作为计算单元，计算截面面积 $A=1000\times1900=190000(\text{mm}^2)$，沿房屋纵向取 3.6m 为受荷宽度，由于房屋开间及所受荷载均相同，因而按轴心受压计算。

（1）二层墙 Ⅱ—Ⅱ 截面

$$N_{2Ⅱ}=1.3\times(1\times3.3\times2.96\times2+1\times3.6\times4.28+1\times3.6\times3.19)+1.5\times(1\times0.5+1\times2.0)\times3.6$$
$$=60.36+13.5=73.86(\text{kN})$$

按轴心受压 $e=0$，$H_0=3.18\text{m}$

$$\beta=\gamma_\beta\frac{H_0}{h}=1.1\times\frac{3180}{190}=18.41$$

查表可得 $\varphi=0.66$，则

$$\varphi fA=0.66\times1.71\times190000=214.43\times10^3(\text{N})=214.43(\text{kN})>N_{2Ⅱ}=73.86(\text{kN})$$

截面承载力满足要求。

（2）一层墙 Ⅱ—Ⅱ 截面

$$N_{1Ⅱ}=73.86+1.3\times(1\times3.98\times2.96+1\times3.6\times3.19)+1.5\times1\times3.6\times2$$
$$=73.86+30.24+10.8=114.9(\text{kN})$$

按轴心受压 $e=0$，$H_0=3.34(\text{m})$

$$\beta=\gamma_\beta\frac{H_0}{h}=1.1\times\frac{3340}{190}=19.34$$

查表可得 $\varphi=0.637$，则

$$\varphi fA=0.637\times2.5\times190000=302.58\times10^3(\text{N})=302.58(\text{kN})>N_{1Ⅱ}=114.9(\text{kN})$$

截面承载力满足要求。

5.5　砌体墙、柱构造措施

砌体结构除了应满足承载能力极限状态设计要求外，还应满足正常使用极限状态和耐久性极限状态要求。为了保证砌体结构房屋的可靠使用，除了计算墙、柱的截面承载力和验算高厚比之外，砌体房屋还应满足相关的构造措施。

5.5.1　墙、柱的最小截面尺寸要求

墙、柱截面尺寸过小，会造成构件稳定性差和局部缺陷而影响构件的承载力。

承重的独立砖柱截面尺寸不应小于 240mm×370mm。毛石墙的厚度不宜小于 350mm，毛料石柱较小边长不宜小于 400mm。当有振动荷载时，墙、柱不宜采用毛石砌体。

5.5.2　墙、柱材料强度最低要求

设计使用年限为 50 年时，地面以下或防潮层以下的墙或环境类别为 2 的砌体、潮湿房

间的墙，所用材料的最低强度等级应符合表5-6的要求。

表5-6 地面以下或防潮层以下的砌体、潮湿房间墙所用材料的最低强度等级

潮湿程度	烧结普通砖、蒸压灰砂砖		混凝土砌块	石材	水泥砂浆
	严寒地区	一般地区			
稍潮湿的	MU10	MU10	MU7.5	MU30	M5
很潮湿的	MU15	MU10	MU7.5	MU30	M7.5
含水饱和的	MU20	MU15	MU10	MU40	M10

注：1. 在冻胀地区，地面以下或防潮层以下的砌体，不宜采用多孔砖，如采用时，其孔洞应用不低于M10的水泥砂浆预先灌实。当采用混凝土空心砌块时，其孔洞应采用强度等级不低于Cb20的混凝土预先灌实。

2. 对安全等级为一级或设计使用年限大于50年的房屋，表中材料强度等级应至少提高一级。

5.5.3 墙、柱中设混凝土垫块和壁柱的构造措施要求

① 支承在墙、柱上的吊车梁、屋架及跨度大于或等于下列数值（对砖砌体为9m，对砌块和料石砌体为7.2m）的预制梁的端部，应采用锚固件与墙柱上的垫块锚固。

② 跨度大于6m的屋架和跨度大于下列数值的梁（对砖砌体为4.8m，对砌块和料石砌体为4.2m，对毛石砌体为3.9m）应在支承处砌体上设置混凝土或钢筋混凝土垫块；当墙中设有圈梁时，垫块与圈梁宜浇成整体。

③ 当梁的跨度大于或等于6m（240mm的砖墙）、4.8m（180mm的砖墙或砌块、料石墙）时，其支承处宜加设壁柱或采取其他加强措施。

④ 混凝土砌块墙体的下列部位，如未设圈梁或混凝土垫块，应采用不低于Cb20混凝土将孔洞灌实。

a. 搁栅、檩条和钢筋混凝土楼板的支承面下，高度不应小于200mm的砌体；

b. 屋架、梁等构件的支承面下，高度不应小于600mm，长度不应小于600mm的砌体；

c. 挑梁支承面下，距墙中心线每边不应小于300mm，高度不应小于600mm的砌体。

5.5.4 砌块砌体的构造措施要求

① 砌块砌体应分皮错缝搭砌，上下皮搭砌长度不得小于90mm。当搭砌长度不满足上述要求时，应在水平灰缝内设置不少于2根直径不小于4mm的焊接钢筋网片（横向钢筋的间距不应大于200mm，网片每端均应伸出该垂直缝不小于300mm）。

② 砌块墙与后砌隔墙交接处，应沿墙高每400mm在水平灰缝内设置不少于2根直径不小于4mm、横筋间距不应大于200mm的焊接钢筋网片，见图5-30。

③ 混凝土砌块房屋，宜将纵横墙交接处、距墙中心线每边不小于300mm范围内的孔洞采用不低于Cb20混凝土沿全墙高灌实。

5.5.5 砌体中留槽洞及埋设管道时的构造措施要求

如果砌体中由于某些需求，必须在砌体中留槽洞、埋设管道时，应严格遵守下列规定：

① 不应在截面长边小于 500mm 的承重墙体、独立柱内埋设管线；

② 不宜在墙体中穿行暗线或预留、开凿沟槽，当无法避免时应采取必要的措施或按削弱后的截面验算墙体的承载力；

③ 对受力较小或未灌孔的砌块砌体，允许在墙体的竖向孔洞中设置管线。

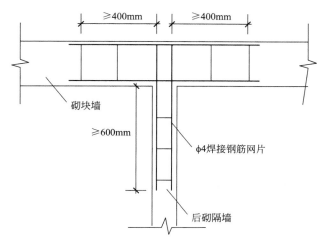

图 5-30 砌块墙与后砌隔墙交接处钢筋网片示意图

5.5.6 夹心墙的构造措施

夹心墙是一种具有承重、保温和装饰等多种功能的墙体，一般在北方寒冷地区房屋的外墙使用。它由两片独立的墙体组合在一起，分为内叶墙和外叶墙，中间夹层为高效保温材料。内叶墙通常起装饰作用，内、外叶墙之间采用金属拉结件拉结。墙体的材料、拉结件的布置和拉结件的防腐等必须保证墙体在不同受力情况下的安全性和耐久性。对于夹心墙的构造措施有如下要求。

① 夹心墙的夹层厚度，不宜大于 120mm。

② 外叶墙的砖及混凝土砌块的强度等级，不应低于 MU10。

③ 夹心墙的内、外叶墙，应由拉结件可靠拉结，拉结件宜符合下列规定：

a. 当采用环形拉结件时，钢筋直径不应小于 4mm，当为 Z 形拉结件时，钢筋直径不应小于 6mm；拉结件应沿竖向梅花形布置，拉结件的水平和竖向最大间距分别不宜大于 800mm 和 600mm；对有振动或有抗震设防要求时，其水平和竖向最大间距分别不宜大于 800mm 和 400mm。

b. 当采用可调拉结件时，钢筋直径不应小于 4mm，拉结件的水平和竖向最大间距均不宜大于 400mm。叶墙间灰缝的高差不大于 3mm，可调拉结件中孔眼和扣钉间的公差不大于 1.5mm。

c. 当采用钢筋网片作拉结件时，网片横向钢筋的直径不应小于 4mm；其间距不应大于 400mm；网片的竖向间距不宜大于 600mm；对有振动或有抗震设防要求时，不宜大于 400mm。

d. 拉结件在叶墙上的搁置长度,不应小于叶墙厚度的 2/3,并不应小于 60mm。

e. 门窗洞口周边 300mm 范围内应附加间距不大于 600mm 的拉结件。

④ 夹心墙拉结件或网片的选择与设置,应符合下列规定:

a. 夹心墙宜用不锈钢拉结件。拉结件用钢筋制作或采用钢筋网片时,应先进行防腐处理,并应符合耐久性规定。

b. 非抗震设防地区的多层房屋,或风荷载较小地区的高层的夹心墙可采用环形或 Z 形拉结件;风荷载较大地区的高层建筑房屋宜采用焊接钢筋网片。

c. 抗震设防地区的砌体房屋(含高层建筑房屋)夹心墙应采用焊接钢筋网片作为拉结件。焊接网片应沿夹心墙连续通长设置,外叶墙至少有一根纵向钢筋。钢筋网片可计入内叶墙的配筋率,其搭接与锚固长度应符合有关规范的规定。

d. 可调节拉结件宜用于多层房屋的夹心墙,其竖向和水平间距均不应大于 400mm。

5.5.7 墙、柱稳定性的一般构造措施

① 预制钢筋混凝土板在圈梁上的支承长度不应小于 80mm,板端伸出的钢筋应与圈梁可靠连接且同时浇筑;预制钢筋混凝土板在墙上的支承长度不应小于 100mm,并按下列方式进行连接:

a. 板支承于内墙时,板端钢筋伸出长度不应小于 70mm,且与支座处沿墙配置的纵筋绑扎,用强度不应低于 C25 的混凝土浇筑成板带。

b. 板支承于外墙时,板端钢筋伸出长度不应小于 100mm,且与支座处沿墙配置的纵筋绑扎,用强度不应低于 C25 的混凝土浇筑成板带。

c. 预制钢筋混凝土板与现浇板对接时,预制板端钢筋应伸入现浇板中并进行连接后,再浇筑现浇板。

② 填充墙和隔墙应分别采取措施与周边主体构件可靠连接;山墙处的壁柱或构造柱宜砌至山墙端部,且屋面构件应与山墙可靠拉结。

③ 墙体转角处和纵墙交界处应沿竖向每隔 400~500mm 设拉结钢筋,其数量为每 120mm 墙厚不少于 1 根直径 6mm 的钢筋;或采用焊接钢筋网片,埋入长度从墙的转角或交接处算起,对实心砖墙每边不小于 500mm,对多孔砖墙和砌块墙不小于 700mm。

5.5.8 框架填充墙的构造措施

框架填充墙墙体除应满足稳定要求外,尚应考虑水平风荷载及地震作用的影响。在正常使用和正常维护条件下,填充墙的使用年限宜与主体结构相同,结构的安全等级可按二级考虑。

5.5.8.1 填充墙的构造设计

① 填充墙宜选用轻质块体材料,其强度等级应符合下列规定:

a. 空心砖的强度等级:MU10、MU7.5、MU5、MU3.5。

b. 轻集料混凝土砌块的强度等级:MU10、MU7.5、MU5、MU3.5。

② 填充墙砌筑砂浆的强度等级不宜低于 M5（Mb5、Ms5）。

③ 填充墙墙体墙厚不应小于 90mm。

④ 填充墙的夹心复合砌块，其两肢块体之间应有拉结。

5.5.8.2　填充墙与框架的连接

填充墙与框架的连接，可根据设计要求采用脱开或不脱开方法。有抗震设防要求时宜采用填充墙与框架脱开的方法。

① 当填充墙与框架采用脱开的方法时，宜符合下列规定。

a. 填充墙两端与框架柱、填充墙顶面与框架梁之间留出不小于 20mm 的间隙。

b. 填充墙端部应设置构造柱，柱间距宜不大于 20 倍墙厚且不大于 4000mm，柱宽度不小于 100mm。柱的竖向钢筋不宜小于 $\phi10$mm，箍筋宜为 ϕ^R5mm，竖向间距不宜大于 400mm。竖向钢筋与框架梁或其挑出部分的预埋件或预留钢筋连接，绑扎接头时不小于 $30d$，焊接时（单面焊）不小于 $10d$（d 为钢筋直径）。柱顶与框架梁（板）应预留不小于 15mm 的缝隙，用硅酮胶或其他弹性密封材料封缝。当填充墙有宽度大于 2100mm 的洞口时，洞口两侧应加设宽度不小于 50mm 的单筋混凝土柱。

c. 填充墙梁端宜卡入设在梁、板底及柱侧的卡口铁件内，墙侧卡口板的竖向间距不宜大于 500mm，墙顶卡口板的水平间距不宜大于 1500mm。

d. 墙体高度超过 4m 时宜在墙高中部设置与柱连通的水平系梁。水平系梁的截面高度不小于 60mm。填充墙高不宜大于 6m。

e. 填充墙与框架柱、梁的缝隙可采用聚苯乙烯泡沫塑料板条或聚氨酯发泡材料填充，并用硅酮胶或其他弹性材料封缝。

f. 所有连接用钢筋、金属配件、铁件、预埋件等均应作防腐防锈处理，并应符合《砌体结构设计规范》（GB 50003—2011）中关于耐久性的要求。嵌缝材料应能满足变形和防护要求。

② 当填充墙与框架采用不脱开的方法时，宜复合下列规定。

a. 沿柱高每隔 500mm 配置 2 根直径 6mm 的拉结钢筋（墙厚大于 240mm 时配置 3 根直径 6mm 的拉结钢筋），钢筋伸入填充墙长度不宜小于 700mm，且拉结钢筋应错开截断，相距不宜小于 200mm。填充墙墙顶应与框架梁紧密结合。顶面与上部结构接触处宜用一匹砖或配砖斜砌楔紧。

b. 当填充墙有洞口时，宜在窗洞口的上端或下端、门洞口的上端设置钢筋混凝土带，钢筋混凝土带应与过梁同时浇筑，其过梁的断面及配筋由设计确定，钢筋混凝土带的混凝土强度等级不小于 C20。当有洞口的填充墙尽端至门窗洞口边的距离小于 240mm 时，宜采用钢筋混凝土门窗框。

c. 填充墙长度超过 5m 或墙长大于 2 倍层高时，墙顶与梁宜有拉结措施，墙体中部应加设构造柱。墙高超过 4m 时宜在墙高中部设置与柱连接的水平系梁；墙高超过 6m 时，宜沿墙高每 2m 设置与柱连接的水平系梁，梁的截面高度不小于 60mm。

5.5.9　防止或减轻墙体开裂的主要措施

① 伸缩缝的设置。为防止房屋墙体因长度过大，及由于温差和砌体干缩引起墙体产生

竖向整体裂缝，应在墙体中设置伸缩缝。伸缩缝应设在因温度和收缩变形引起应力集中、砌体产生裂缝可能性最大处。伸缩缝的最大间距可按表 5-7 采用。

表 5-7　砌体房屋伸缩缝的最大间距　　　　　　　　　　　　单位：m

屋盖或楼盖类别		间距
整体式或装配整体式钢筋混凝土结构	有保温层或隔热层的屋盖、楼盖	50
	无保温层或隔热层的屋盖	40
装配式无檩体系钢筋混凝土结构	有保温层或隔热层的屋盖、楼盖	60
	无保温层或隔热层的屋盖	50
装配式有檩体系钢筋混凝土结构	有保温层或隔热层的屋盖	75
	无保温层或隔热层的屋盖	60
瓦材屋盖、木屋盖或楼盖、轻钢屋盖		100

注：1. 对烧结普通砖、烧结多孔砖、配筋砌块砌体房屋，取表中数值；对石砌体、蒸压灰砂普通砖、蒸压粉煤灰普通砖、混凝土砌块、混凝土普通砖和混凝土多孔砖房屋，取表中数值乘以 0.8 的系数，当墙体有可靠外保温措施时，其间距可取表中数值。

2. 在钢筋混凝土屋面上挂瓦的屋盖应按钢筋混凝土屋盖采用。

3. 按本表设置的墙体伸缩缝，一般不能同时防止由于钢筋混凝土屋盖的温度变形和砌体干缩变形引起的墙体局部裂缝。

4. 层高大于 5m 的烧结普通砖、烧结多孔砖、配筋砌块砌体结构单层房屋，其伸缩缝间距可按表中数值乘以 1.3。

5. 温差较大且温度变化频繁地区和严寒地区不采暖的房屋及构筑物墙体的伸缩缝的最大间距，应按表中数值予以适当减小。

6. 墙体的伸缩缝应与结构的其他变形缝相重合，在进行立面处理时，必须保证缝隙的伸缩作用。

② 为了防止或减轻房屋顶层墙体产生裂缝，可根据情况采取下列措施：

a. 屋面应设置保温、隔热层。

b. 屋面保温（隔热）层或屋面刚性面层及砂浆找平层应设置分隔缝，分隔缝间距不宜大于 6m，其缝宽不小于 30mm，并与女儿墙隔开。

c. 采用装配式有檩体系钢筋混凝土屋盖和瓦材屋盖。

d. 顶层屋面板下设置现浇钢筋混凝土圈梁，并沿内外墙拉通，房屋两端圈梁下的墙体内宜设置水平钢筋。

e. 顶层墙体有门窗等洞口时，在过梁上的水平灰缝内设置 2~3 道焊接钢筋网片或 2φ6 钢筋，焊接钢筋网片或钢筋应伸入洞口两端墙内不小于 600mm。

f. 顶层及女儿墙砂浆强度等级不低于 M7.5(Mb7.5、Ms7.5)。

g. 女儿墙应设置构造柱，构造柱间距不宜大于 4m，构造柱应伸至女儿墙顶并与现浇的钢筋混凝土压顶整浇在一起。

h. 对整层墙体施加竖向预应力。

③ 房屋底层墙体，宜根据情况采取下列措施：

a. 增大基础圈梁的刚度。

b. 在底层的窗台下墙体灰缝内设置 3 道焊接钢筋网片或 2 根直径 6mm 的钢筋，并应伸入两边窗间墙内不小于 600mm。

④ 在每层门、窗过梁上方的水平灰缝内及窗台下第一和第二道水平灰缝内，宜设置焊

接钢筋网片或 2φ6 钢筋，焊接钢筋网片或钢筋应伸入两边窗间墙内不小于 600mm。当墙长大于 5m 时，宜在每层墙高度中部设置 2～3 道焊接钢筋网片或 3φ6 的通长水平钢筋，竖向间距宜为 500mm。

⑤ 为防止或减轻混凝土砌块房屋顶层两端和底层第一、第二开间门窗洞处产生裂缝，可采取下列措施：

a. 在门窗洞口两边墙体的水平灰缝中，设置长度不小于 900mm、竖向间距为 400mm 的 2 根直径 4mm 的焊接钢筋网片。

b. 在顶层和底层设置通长钢筋混凝土窗台梁，窗台梁的高度宜为块高的模数，梁内纵筋不少于 4φ10、箍筋不少于 φ6@200，混凝土强度等级不低于 C20。

c. 在混凝土砌块房屋门窗洞口两侧不少于一个孔洞中设置直径不小于 12mm 的竖向钢筋，竖向钢筋应在楼层圈梁或基础内锚固，孔洞用强度等级不低于 Cb20 的灌孔混凝土灌实。

⑥ 填充墙砌体与梁、柱或混凝土墙体结合的界面处（包括内、外墙），宜在粉刷前设置钢丝网片，网片宽度可取 400mm，并沿界面缝两侧各延伸 200mm，或采取其他有效的防裂、盖缝措施。

⑦ 当房屋刚度较大时，可在窗台下或窗角处墙体内、在墙体高度或厚度突然变化处设置竖向控制缝。竖向控制缝宽度不宜小于 25mm，缝内填以压缩性能好的填充材料，且外部用密封材料密封，并采用不吸水的闭孔发泡聚乙烯实心圆棒（背衬）作为密封膏的隔离物。

⑧ 夹心复合墙的外叶墙宜在建筑墙体适当部位设置控制缝，其间距宜为 6～8m。

本章小结

5.1　混合结构房屋的结构布置方案有横墙承重方案、纵墙承重方案、纵横墙承重方案和钢筋混凝土内框架复合承重方案。

5.2　混合结构房屋的主要承重构件组成了空间受力体系。考虑屋盖（楼盖）刚度和横墙间距两个主要因素的影响，按房屋空间刚度大小，将混合结构房屋静力计算方案分为刚性方案、弹性方案和刚弹性方案三种。

5.3　砌体墙、柱的允许高厚比及高厚比的计算。混合结构房屋中的墙、柱均是受压构件，除了应满足承载力的要求外，还必须保证其稳定性。《砌体结构设计规范》（GB 50003—2011）中规定用验算墙、柱高厚比的方法进行墙、柱稳定性的验算，这是保证砌体结构在施工阶段和使用阶段稳定性的一项重要构造措施。

5.4　单层刚性方案房屋的计算简图为：墙、柱下端与基础固接，上端与屋面梁为不动水平支承的排架。

单层弹性方案房屋的计算简图为：墙、柱下端与基础固接，上端与屋面梁无水平支承的排架。其竖向荷载作用下的内力可近似按多层刚性方案房屋考虑；其水平荷载下的内力可通过叠加法求得，即先在顶部加一水平边杆约束求约束反力及相应内力，再将约束反力反向作用于顶部求相应内力，最后叠加上述两步内力即得弹性方案房屋墙、柱内力。

单层刚弹性方案房屋的计算简图为：墙、柱下端与基础固接，上端与屋面梁弹性支承的排架。主要通过空间性能影响系数反映房屋的空间工作。在水平风荷载下的内力可采用两步叠加法进行，即先在结构顶部加水平连杆约束，求出约束反力及相应内力；然后将约束反力乘以空间性能影响系数 η 后反向施加于结构并求相应内力，最后的内力即为上述两种情况内力的叠加。

5.5 多层砌体结构房屋大多设计成刚性方案，其计算单元的墙体在竖向荷载作用下，墙、柱在每层高度范围内，可近似按两端铰支的竖向简支构件进行内力分析。而在水平向荷载作用下，墙体应视作竖向多跨连续梁，以考虑荷载在墙体的楼面标高处所引起的弯矩。刚性方案房屋符合《砌体结构设计规范》（GB 50003—2011）有关规定条件的外墙，可不考虑风荷载的影响。

多层弹性方案房屋的内力计算方法与单层相似，也采用叠加法，但由于该方案在受力上不够合理，多层房屋应慎用。

多层刚弹性方案房屋在水平向荷载作用下，空间作用效果比单层房屋显著。为简化计算，可偏于安全地采用屋盖类别与本层楼盖类别相同的单层房屋的空间性能影响系数，而不考虑层间相互的空间工作。其内力计算方法与单层情况相似，都采用叠加法。

5.6 墙、柱等构件除了要满足承载力计算和高厚比验算的要求之外，还必须满足相关的构造要求，以保证房屋满足空间刚度整体性和耐久性的要求。

思考题

5.1 砌体结构房屋有哪几种承重方案？各有何优缺点？

5.2 砌体结构房屋的静力计算有哪几种方案？如何确定房屋的静力计算方案？

5.3 空间性能影响系数 η 的物理意义是什么？有哪些主要影响因素？

5.4 绘制单层砌体房屋三种静力计算方案的计算简图。

5.5 刚性和刚弹性方案房屋对横墙有何要求？

5.6 为什么要进行墙、柱高厚比验算？

5.7 矩形截面墙、柱高厚比计算公式是什么？解释公式中各符号的含义。

5.8 如何进行带壁柱墙的高厚比验算？

5.9 简述单层弹性方案房屋在水平风荷载作用下墙、柱内力计算步骤。

5.10 简述单层刚弹性方案房屋在水平风荷载作用下墙、柱内力计算步骤。

5.11 多层刚性方案房屋在竖向荷载和水平荷载作用下墙、柱的计算简图是什么？

5.12 多层刚性方案房屋，什么情况下可不考虑风荷载的影响？

5.13 简述多层刚弹性方案房屋在水平风荷载作用下墙、柱内力计算步骤。

习 题

5.1　某房屋砖柱截面为 490mm×370mm，采用 MU15 烧结普通砖和 M10 混合砂浆砌筑，层高 3.6m，为刚性方案，试验算该柱的高厚比。

5.2　某带壁柱墙，柱距 6m，窗宽 3.0m，横墙间距 28m，纵墙厚度 240mm，包括纵墙在内的壁柱截面为 490mm×370mm，采用为 M5 混合砂浆砌筑，1 类屋盖体系，试验算该壁柱墙的高厚比。

5.3　某单层单跨厂房，长 30m，宽 18m，柱距 6m，层高 7m，中间无横墙，两端山墙上门洞口尺寸 4m×4m，纵墙上窗洞口尺寸为 4m×3m，屋盖体系为 1 类，柱顶受到风荷载 $F_w=6.5$kN，迎风面均布风荷载为 1.6kN/m^2，背风面均布风荷载为 1.1kN/m^2，试求一个单元在风荷载作用下柱底截面的弯矩及剪力。

5.4　某三层办公楼，采用装配式钢筋混凝土梁板结构，楼屋盖荷载同例 5-4，梁截面尺寸为 200mm×500mm，梁端伸入墙内 240mm，底层纵墙厚 370mm，2、3 层纵墙厚 240mm，双面均采用 2mm 厚石灰砂浆抹灰，采用钢框玻璃窗。建造地区基本雪荷载为 0.4kN/m^2，基本风压为 0.45kN/m^2，试验算承重纵墙高厚比及承载力。

第**6**章

过梁、圈梁、墙梁及挑梁

👆 导论

　　本章介绍了过梁的类型、过梁上荷载的取值以及过梁的计算方法；介绍了圈梁的设置及构造要求；介绍了墙梁的受力性能和破坏形态，给出了墙梁在使用阶段和施工阶段的承载力计算公式；介绍了悬挑构件中有代表性的挑梁的受力性能和破坏性能，并给出了挑梁的计算公式。

6.1 过梁

　　砌体结构墙体中跨越门窗洞口上部的梁称为过梁。过梁的作用是承受门窗洞口上部墙体以及梁、板传来的荷载。

6.1.1 过梁的类型及构造要求

　　常用的过梁有钢筋混凝土过梁和砖砌过梁两类。砖砌过梁按其构造不同又分为钢筋混凝土过梁、钢筋砖过梁、砖砌平拱过梁、砖砌弧拱过梁等几种形式。过梁常见的类型见图 6-1。

6.1.1.1 钢筋混凝土过梁

　　钢筋混凝土过梁具有施工方便、能适应较大跨度、抗震性能好等优点，是目前应用最广泛的过梁形式。钢筋混凝土过梁可采用现浇或预制的方式制成。钢筋混凝土过梁端部在墙上的支承长度不宜小于 240mm，见图 6-1(a)。

6.1.1.2 砖砌过梁

　　砖砌过梁具有节约钢材和水泥、造价低廉、砌筑方便等优点，但整体性差，对振动荷载和地基不均匀沉降反应敏感。因此，对有较大振动荷载或可能产生不均匀沉降的房屋，或当门窗洞口宽度较大时，应采用钢筋混凝土过梁。

　　(1) 钢筋砖过梁

　　钢筋砖过梁砌筑方法与墙体相同，仅在过梁的底部水平灰缝内配置受力钢筋而成，见图 6-1(b)。钢筋砖过梁净跨不宜超过 1.5m，梁底砂浆层厚度不宜小于 30mm，一般采用 1:3 水泥砂浆。砂浆层内钢筋直径不应小于 5mm，间距不宜大于 120mm。钢筋伸入支座砌体内长度不应小于 240mm，并应在末端弯钩。在截面计算高度内（$\leqslant 1/3 l_n$ 或梁板以下高

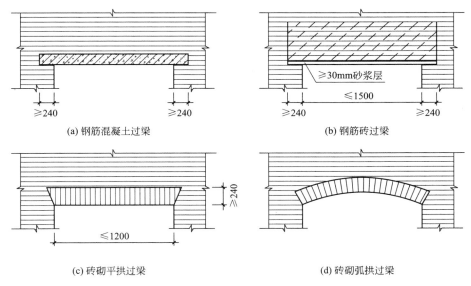

(a) 钢筋混凝土过梁　　　　　　　　　　(b) 钢筋砖过梁

≥30mm砂浆层

≤1500

≥240　　　　　　≥240

≥240　　　　　　　　　≥240

(c) 砖砌平拱过梁　　　　　　　　　　(d) 砖砌弧拱过梁

≥240

≤1200

图 6-1　过梁类型

度，l_n 为过梁净跨）砂浆强度等级不宜低于 M5。

（2）砖砌平拱过梁

砖砌平拱过梁是将砖竖立和侧立砌筑而成，见图 6-1(c)，其净跨不宜超过 1.2m。用砖竖砌部分高度不应小于 240mm，在过梁截面计算高度内（$\leqslant 1/3l_n$ 或梁板以下高度，l_n 为过梁净跨）的砂浆强度等级不宜低于 M5。

（3）砖砌弧拱过梁

砖砌弧拱过梁也是将砖竖立和侧立砌筑而成，见图 6-1(d)，用砖竖砌部分的高度不应小于 120mm（即半砖长）。弧拱最大跨度与矢高 f（拱顶至拱脚连线的垂直距离）有关。当矢高 $f = \left(\dfrac{1}{12} \sim \dfrac{1}{8}\right)l_n$ 时，最大跨度为 2.5～3.0m；当矢高 $f = \left(\dfrac{1}{6} \sim \dfrac{1}{5}\right)l_n$ 时，最大跨度为 3.0～4.0m。弧拱砌筑时需用胎模，施工复杂，现一般不提倡使用，仅在对建筑外形有特殊要求的房屋中采用。

6.1.2　过梁上的荷载

过梁承受的荷载有两种情况：一种仅有墙体荷载；另一种除墙体荷载外，还有过梁计算高度范围内梁、板传来的荷载。如图 6-2 所示砖砌过梁，当竖向荷载较小时，过梁和受弯构件一样，上部受压，下部受拉。随着荷载的不断增加，将先后在跨中受拉区出现垂直裂缝和在支座处出现接近 45°的阶梯裂缝。这两种裂缝出现后，对于砖砌平拱过梁将形成由两侧支座水平推力来维持的三铰拱，见图 6-2(a)。对于钢筋砖过梁将形成由钢筋承受拉力的有拉杆三铰拱，见图 6-2(b)，钢筋混凝土过梁与钢筋砖过梁有相似之处。试验表明，当过梁上墙体达到一定高度时，过梁上墙体形成的内拱将产生卸荷作用，使一部分荷载直接传给支座。

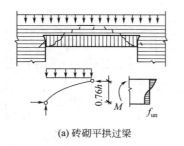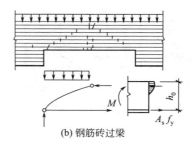

(a) 砖砌平拱过梁　　　　　　　(b) 钢筋砖过梁

图 6-2　过梁荷载

根据《砌体结构设计规范》（GB 50003—2011），过梁上荷载可按下列规定采用。

（1）梁、板荷载

对砖和砌块砌体，当梁、板下的墙体高度 $h_w < l_n$ 时（l_n 为过梁的净跨），应计入梁、板传来的荷载；当梁、板下的墙体高度 $h_w \geq l_n$ 时，可不考虑梁、板荷载。

（2）墙体荷载

对砖砌体，当过梁上的墙体高度 $h_w < l_n/3$ 时；应按墙体的均布自重计算；当墙体高度 $h_w \geq l_n/3$ 时，应按高度为 $l_n/3$ 墙体的均布自重计算。

对砌块砌体，当过梁上的墙体高度 $h_w < l_n/2$ 时，应按墙体的均布自重计算；当墙体高度 $h_w \geq l_n/2$ 时，应按高度为 $l_n/2$ 墙体的均布自重计算。

6.1.3　过梁的计算

（1）砖砌平拱过梁的计算

砖砌平拱过梁一般按跨度为 l_n 的简支梁进行内力和承载力计算，应进行跨中截面受弯承载力和支座截面受剪承载力计算。

砖砌平拱过梁跨中截面的受弯承载力按下式计算：

$$M \leq f_{tm}W \tag{6-1}$$

式中　M——按简支梁计算的跨中最大弯矩设计值；

　　　f_{tm}——砌体沿齿缝截面的弯曲抗拉强度设计值；

　　　W——砖砌平拱过梁的截面抵抗矩，对矩形截面，$W = \dfrac{bh^2}{6}$；

　　　b——砖砌平拱过梁的截面宽度，同墙厚；

　　　h——砖砌平拱过梁截面计算高度，取过梁底面以上的墙体高度，但不大于 $l_n/3$，当考虑梁、板传来的荷载时，则按梁、板下的高度采用。

砖砌平拱过梁支座截面的受剪承载力按下式计算：

$$V \leq f_v bz \tag{6-2}$$

$$z = \frac{I}{S} \tag{6-3}$$

式中　V——按简支梁计算的支座剪力设计值；

f_v——砌体沿齿缝截面的抗剪强度强度设计值；

b——砖砌平拱过梁的截面宽度，同墙厚；

z——截面内力臂，矩形截面 $z = \dfrac{2h}{3}$；

h——砖砌平拱过梁截面计算高度，取值同上；

I——截面惯性矩；

S——截面面积矩。

（2）钢筋砖过梁的计算

钢筋砖过梁也应按跨度为 l_n 的简支梁进行内力和承载力计算，应进行跨中截面受弯承载力和支座截面受剪承载力计算。

钢筋砖过梁跨中正截面承载力按下式计算：

$$M \leqslant 0.85 h_0 f_y A_s \tag{6-4}$$

式中　M——按简支梁计算的跨中弯矩设计值；

f_y——钢筋的抗拉强度设计值；

A_s——受拉钢筋的截面面积；

h_0——过梁截面的有效高度，$h_0 = h - a_s$；

a_s——受拉钢筋重心至截面下边缘的距离，一般取 15～20mm；

h——钢筋砖过梁截面计算高度，取过梁底面以上的墙体高度，但不大于 $l_n/3$，当考虑梁、板传来的荷载时，则按梁、板下的高度采用。

钢筋砖过梁支座受剪承载力计算同砖砌平拱过梁，按式（6-2）计算。

（3）钢筋混凝土过梁的计算

钢筋混凝土过梁，应按钢筋混凝土受弯构件进行正截面和斜截面承载力计算，同时应验算过梁支承处砌体的局部受压承载力。验算过梁下砌体局部受压承载力时，可不考虑上层荷载的影响，取 $\psi = 0$。由于钢筋混凝土过梁多与砌体形成组合结构，刚度较大，可取梁端有效支承长度 a_0 等于实际支承长度 a，取局部压应力图形完整系数 $\eta = 1.0$。

➡ 例 6-1

已知某墙体上窗洞口宽 1.8m，采用 MU10 砖，M5 混合砂浆砌筑，墙厚 240mm（墙体自重为 $5.24kN/m^2$）。在离窗顶 900mm 处，作用有楼板传来的均布荷载，其设计值为 7.0kN/m。试设计此钢筋砖过梁。

［解］　由于板下的墙体高度 $h_w = 0.9m < l_n = 1.8m$，应计入板传来的荷载。过梁上的墙体荷载应考虑 $l_n/3 = 0.6m$ 高的墙体自重。

取恒荷载分项系数为 1.3，则作用于过梁上的均布荷载设计值为：

$$q = 7.0 + 1.3 \times 5.24 \times 0.6 = 11.09 (kN/m)$$

过梁的弯矩和剪力设计值为：

$$M = \frac{1}{8} \times 11.09 \times 1.8^2 = 4.49(\text{kN} \cdot \text{m})$$

$$V = \frac{1}{2} \times 11.09 \times 1.8 = 9.98(\text{kN})$$

钢筋砖过梁中的钢筋选用 HPB300 级，$f_y = 270\text{MPa}$

$$h_0 = h - a_s = 900 - 20 = 880(\text{mm})$$

由式(6-4) 得 $A_s = \dfrac{M}{0.85 h_0 f_y} = \dfrac{4.49 \times 10^6}{0.85 \times 880 \times 270} = 22.3(\text{mm}^2)$

选用 $2 \phi 6 (A_s = 57\text{mm}^2)$。

$$bz f_v = 0.24 \times \frac{2}{3} \times 0.9 \times 0.11 \times 10^3 = 15.84(\text{kN}) > V = 9.98(\text{kN})$$

抗剪承载力也满足要求。

➡ 例 6-2

已知钢筋混凝土过梁净跨 $l_n = 3\text{m}$，过梁上墙体高 1.5m，墙体采用 MU10 烧结普通砖、M5 混合砂浆砌筑，墙厚 240mm（墙体自重为 5.24kN/m^2）。墙体顶部作用有板传来的均布荷载设计值为 14.0kN/m。过梁在墙体上的支承长度为 240mm，试设计此钢筋混凝土过梁。

[解] （1）内力计算

根据跨度、墙厚及荷载情况初步确定过梁截面尺寸为 240mm×240mm。

由于板下的墙体高度 $h_w = 1.5\text{m} < l_n = 3.0\text{m}$，所以应计入板传来的荷载。由于过梁上的墙体高度 $h_w = 1.5\text{m} < l_n/3 = 1.0\text{m}$，所以应考虑高度为 1m 的墙体自重。

取恒荷载分项系数为 1.3，作用于过梁上的均布荷载设计值为：

$$q = 14.0 + 1.3 \times (5.24 \times 1.0 + 0.24 \times 0.24 \times 25) = 22.68(\text{kN/m})$$

取过梁计算跨度 $l_0 = 1.05 l_n = 1.05 \times 3 = 3.15(\text{m})$

$$M = \frac{1}{8} q l_0^2 = \frac{1}{8} \times 22.68 \times 3.15^2 = 28.13(\text{kN} \cdot \text{m})$$

$$V = \frac{1}{2} q l_n = \frac{1}{2} \times 22.68 \times 3 = 34.02(\text{kN})$$

（2）过梁正截面承载力计算

过梁选用 C25 混凝土，$f_c = 11.9\text{N/mm}^2$，$f_t = 1.27\text{N/mm}^2$。纵向受力钢筋采用 HRB400 级，箍筋采用 HPB300 级，$f_y = 360\text{N/mm}^2$，$f_{yv} = 270\text{N/mm}^2$，$h_0 = h - a_s = 240 - 40 = 200(\text{mm})$。

$$\alpha_s = \frac{M}{\alpha_1 f_c b h_0^2} = \frac{28.13 \times 10^6}{1 \times 11.9 \times 240 \times 200^2} = 0.246$$

$$\xi = 1 - \sqrt{1 - 2\alpha_s} = 1 - \sqrt{1 - 2 \times 0.246} = 0.287 < \xi_b = 0.518$$

$$A_s = \frac{\alpha_1 f_c b \xi h_0}{f_y} = \frac{1.0 \times 0.287 \times 11.9 \times 240 \times 200}{360} = 455(\text{mm}^2)$$

选配钢筋 $2\Phi18$（$A_s=509\text{mm}^2$）。

（3）过梁斜截面承载力计算

$$V=34.02(\text{kN})<0.25\beta_c f_c bh_0=0.25\times1\times11.9\times240\times200=142800(\text{N})=142.8(\text{kN})$$

截面尺寸满足要求。

$$V=34.02(\text{kN})<0.7f_t bh_0=0.7\times1.27\times240\times200=42672(\text{N})=42.67(\text{kN})$$

故可按构造配置箍筋，选配$\Phi6@200$双肢箍。

（4）过梁端砌体局部受压承载力验算

砌体抗压强度设计值 $f=1.5\text{N/mm}^2$，取 $a_0=a=240\text{mm}$，$\psi=0$，$\eta=1.0$

$$A_0=h(a+h)=240\times(240+240)=115200(\text{mm}^2)$$

$$A_1=a_0 b=240\times240=57600(\text{mm}^2)$$

$$\gamma=1+0.35\sqrt{\frac{A_0}{A_1}-1}=1+0.35\sqrt{\frac{115200}{57600}-1}=1.35>1.25，\text{取 }\gamma=1.25$$

$$\psi N_0+N_1=0+34.02=34.02(\text{kN})<\eta\gamma fA_1=1.0\times1.25\times1.5\times57600=108000(\text{N})=108(\text{kN})$$

局部受压承载力满足要求。

6.2 圈梁

砌体结构房屋中，在墙体内沿水平方向设置的连续的、封闭的钢筋混凝土梁，称为圈梁。位于房屋檐口处的圈梁又称为檐口圈梁，在 ±0.000 标高以下基础顶面处设置的圈梁，又称为地圈梁。

6.2.1 圈梁的作用

圈梁的作用是增加房屋的整体刚度，防止由于地基的不均匀沉降或较大振动荷载等对房屋造成的不利影响。在考虑地基不均匀沉降时，圈梁设置在基础顶面和房屋檐口部位起的作用最大。如果房屋沉降中间较大，两端较小时，基础顶面的圈梁作用最大；如果房屋沉降中间较小，两端较大时，则位于檐口部位的圈梁作用最大。

6.2.2 圈梁的设置原则

圈梁的设置通常考虑房屋的类型、层数、地基情况、荷载特点等条件来确定圈梁设置的位置和数量。对于一般的工业与民用建筑，圈梁的设置原则如下：

① 厂房、仓库、食堂等空旷单层房屋应按下列规定设置圈梁：

a. 砖砌体房屋，檐口标高为 5～8m 时，应在檐口标高处设置一道圈梁；檐口标高大于8m 时，应增加设置数量。

b. 砌块及料石砌体房屋，檐口标高为 4～5m 时，应在檐口标高处设置一道圈梁；檐口标高大于 5m 时，应增加设置数量。

c. 对有吊车或较大振动设备的单层工业房屋，当未采取有效的抗震措施时，除在檐口或窗顶标高处设置现浇钢筋混凝土圈梁外，尚应增加设置数量。

② 多层工业与民用建筑应按下列规定设置圈梁：

a. 住宅、办公楼等多层砌体结构民用房屋，且层数为 3～4 层时，应在底层和檐口标高处各设置一道圈梁。当层数超过 4 层时，除应在底层和檐口标高处各设置一道圈梁外，至少应在所有纵横墙上隔层设置。

b. 多层砌体工业房屋，应每层设置现浇钢筋混凝土圈梁。

c. 设置墙梁的多层砌体房屋，应在托梁、墙梁顶面和檐口标高处设置现浇钢筋混凝土圈梁。

d. 采用现浇混凝土楼（屋）盖的多层砌体结构房屋，当层数超过 5 层时，除应在檐口标高处设置一道圈梁外，也可隔层设置圈梁，并应与楼（屋）面板一起现浇。未设置圈梁的楼面板嵌入墙内的长度不应小于 120mm，并沿墙长配置不少于 2 根直径为 10mm 的纵向钢筋。

③ 建筑在软弱地基或不均匀地基上的砌体房屋，除按上述规定设置圈梁外，尚应符合现行国家标准《建筑地基基础设计规范》（GB 50007—2011）的有关规定。

6.2.3 圈梁的构造要求

圈梁应符合下列构造要求：

① 圈梁宜连续地设在同一水平面上，并形成封闭状；当圈梁被门窗洞口截断时，应在门窗洞口上部增设相同截面的附加圈梁。附加圈梁与圈梁的搭接长度不应小于其中到中垂直间距的二倍，且不得小于 1m，见图 6-3。

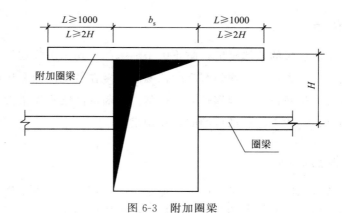

图 6-3　附加圈梁

② 纵横墙交接处的圈梁应有可靠的连接。刚弹性和弹性方案房屋，圈梁应与屋架、大梁等构件可靠连接。

③ 钢筋混凝土圈梁的宽度宜与墙厚相同，当墙厚不小于 240mm 时，其宽度不宜小于墙厚的 2/3。圈梁高度不应小于 120mm。纵向钢筋数量不应少于 4 根，直径不应小于 10mm，绑扎接头的搭接长度按受拉钢筋考虑，箍筋间距不应大于 300mm。

④ 圈梁兼作过梁时，过梁部分的钢筋应按计算面积另行增配。

6.3　墙梁

　　多层砌体房屋根据使用功能的需要，有时需要底层形成大空间，上部砌体结构的墙体不能直接落地，这就需要设置钢筋混凝土托梁来承托以上各层墙体和楼盖传来的荷载。这种由钢筋混凝土托梁及其以上某一计算高度范围内的砌体所组成的组合构件称为墙梁。墙梁广泛应用在工业和民用建筑中，如底层为商场、上层为住宅或旅馆的混合结构房屋中。底层的托梁及其上部一定高度范围的墙体 [图 6-4(a)]、工业厂房的基础梁及其上部一定高度的围护墙等均属墙梁 [图 6-4(b)]。

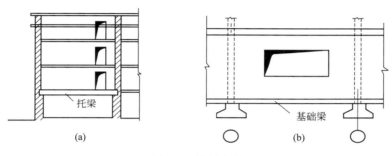

图 6-4　墙梁实例

　　根据墙梁的承重情况，可将其分为承重墙梁和自承重墙梁。民用建筑中广泛应用的底层为大空间（如营业厅、会议厅、餐厅）、上层为小房间（如住宅、旅馆、办公室）的多层房屋，由托梁及与其以上墙体组成的墙梁，不仅承受墙梁（托梁和墙体）自重，还承受计算高度范围以上各层墙体以及楼盖、屋盖或其他结构传来的荷载，为承重墙梁。工业建筑中承托围护墙体的基础梁、连系梁及其以上墙体组成的墙梁，一般仅承受托梁和砌筑在其上的墙体自重，为自承重墙梁。墙梁可设计成简支墙梁、框支墙梁和连续墙梁。根据墙体上是否开洞，又分为无洞口墙梁和有洞口墙梁。承重墙梁和自承重墙梁都可以做成无洞口墙梁或有洞口墙梁。与框架结构相比，墙梁具有节约钢材、缩短工期、施工方便等优点。

6.3.1　墙梁的破坏形态

6.3.1.1　弯曲破坏

　　当托梁中的钢筋较少，而砌体强度相对较高，且墙体高跨比 h_w/l_0 较小时，墙梁在竖向荷载作用下一般先在跨中出现垂直裂缝，见图 6-5(a)。随着荷载的增加，垂直裂缝迅速向上延伸，并穿过梁与墙的界面进入墙体，在墙体内迅速向上扩展，同时托梁中还有新的垂直裂缝出现。当托梁中位于主裂缝①截面的下部和上部钢筋先后达到屈服时，墙梁将沿跨中正截面发生弯曲破坏。破坏时，墙梁正截面的受压区高度很小，往往只有 3～5 皮砖高，甚至更少，但未发现墙体上部受压区砌体被压坏现象。

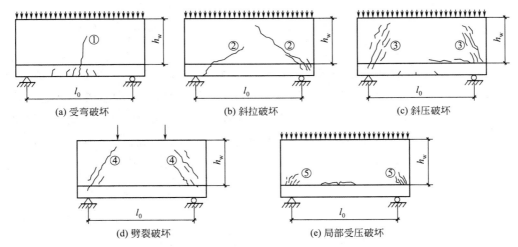

图 6-5　墙梁破坏形态

6.3.1.2　剪切破坏

若托梁中的钢筋较多，砌体强度却相对较低，且 h_w/l_0 适中时，易在支座上部的砌体中出现因主拉应力或主压应力过大而引起的斜裂缝，导致砌体的剪切破坏。剪切破坏形式与墙体的高跨比 h_w/l_0、托梁的配筋数量、荷载作用方式、砌体及混凝土强度等级等有关。墙梁的剪切破坏又分为以下几种形式。

（1）斜拉破坏

当 $h_w/l_0<0.3$，而砂浆的强度等级较低时，砌体中部因主拉应力过大，产生沿齿缝截面的阶梯性裂缝②而破坏，见图 6-5(b)。斜拉破坏承载能力较低，属脆性破坏，故在设计中应避免斜拉破坏。

（2）斜压破坏

当 $h_w/l_0\geqslant0.5$，或集中荷载的剪跨比（a/h_0）较小时，且砌体强度较高时，支座附近剪跨范围的砌体将因主压应力过大而产生沿斜向的斜压破坏。破坏时斜裂缝③数量多且坡度陡，很多裂缝沿砖劈裂，裂缝间的砌体和砌筑砂浆出现压碎崩落现象，见图 6-5(c)。斜压破坏墙梁的极限承载力较大。

（3）劈裂破坏

当集中荷载较大，砌体强度较低时，砌体开裂后迅速贯通墙体全高，沿集中力作用点到支座形成劈裂型裂缝④，破坏时裂缝沿支座至荷载作用点方向突然开展，开裂荷载与破坏荷载相当接近，见图 6-5(d)。墙梁的劈裂破坏也属脆性破坏，在设计中也应避免。

（4）局部受压破坏

当托梁中的钢筋较多，砌体强度却相对较低，且 $h_w/l_0>0.75$ 时，靠近支座处的砌体因正应力过大，将在托梁端部上面的砌体中先出现多条细的竖向裂缝⑤，最后墙角砌体压碎而产生局部受压破坏，见图 6-5(e)。

此外，由于构造措施不当，也可能引起其他形式的破坏，如托梁纵筋锚固不良、支承长度过小时，托梁端部也可能发生局部破坏。这类破坏可采取相应的构造措施来避免。

对于有洞口墙梁，它的破坏形态除弯曲破坏及托梁的剪切破坏常发生在洞口内缘截面外，其余均与无洞口墙梁相类似。

6.3.2　墙梁的计算

6.3.2.1　墙梁设计规定

采用烧结普通砖砌体、混凝土普通砖砌体、混凝土多孔砖砌体和混凝土砌块砌体的墙梁设计应符合下列规定：

① 墙梁设计应符合表 6-1 的规定。

② 墙梁计算高度范围内每跨允许设置一个洞口。洞口高度：对窗洞取洞顶至托梁顶面的距离；对自承重墙梁，洞口边至支座中心的距离不应小于 $0.1l_{0i}$，门窗洞上口至墙顶的距离不应小于 0.5m。

③ 洞口边缘至支座中心的距离：距边支座不应小于墙梁计算跨度的 0.15 倍；距中支座不应小于墙梁计算跨度的 0.07 倍。托梁支座处上部墙体设置混凝土构造柱、且构造柱边缘距洞口边缘的距离不小于 240mm 时，洞口边至支座中心距离的限值可不受本规定限制。

④ 托梁高跨比：对无洞口墙梁不宜大于 1/7；对靠近支座有洞口的墙梁不宜大于 1/6。配筋砌块砌体墙梁的托梁高跨比可适当放宽，但不宜小于 1/14。当墙梁结构中的墙体均为配筋砌块砌体时，墙体总高度可不受本规定限制。

表 6-1　墙梁的一般规定

类别	墙体总高/m	跨度/m	墙体高跨比 h_w/l_{0i}	托梁高跨比 h_b/l_{0i}	洞宽跨比 b_h/l_{0i}	洞高 h_h
承重墙梁	≤18	≤9	≥0.4	≥1/10	≤0.3	≤$5h_w/6$ 且 h_w-h_b≥0.4m
自承重墙梁	≤18	≤12	≥1/3	≥1/15	≤0.8	

注：墙体总高度指托梁顶面到檐口的高度，带阁楼的坡屋面应算到山尖墙 1/2 高度处。

6.3.2.2　墙梁的计算简图

墙梁的计算简图按图 6-6 采用。各计算参数应按下列规定取用：

① 墙梁计算跨度 $l_0(l_{0i})$，对简支墙梁和连续墙梁取净跨的 1.1 倍或支座中心线距离的较小值；框支墙梁支座中心线距离，取框架柱轴线间的距离。

② 墙体计算高度 h_w，取托梁顶面上一层墙体（包括顶梁）高度，当 h_w 大于 l_0 时，取 h_w 等于 l_0（对连续墙梁和多跨框支墙梁，l_0 取各跨的平均值）。

③ 墙梁跨中截面计算高度 H_0，取 $H_0=0.5h_b+h_w$。

④ 翼墙计算宽度 b_f，取窗间墙宽度或横墙间距的 2/3，且每边不大于 3.5 倍的墙体厚度和墙梁计算跨度的 1/6。

⑤ 框架柱计算高度 H_c，取 $H_c=H_{cn}+0.5h_b$。H_{cn} 为框架柱的净高，取基础顶面至托梁底面的距离。

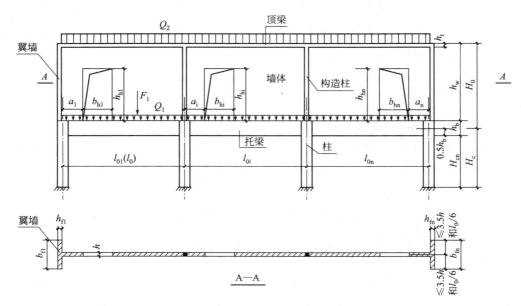

图 6-6　墙梁的计算简图

6.3.2.3　墙梁的荷载计算

墙梁的计算荷载应按使用阶段和施工阶段分别确定。

① 使用阶段墙梁上的荷载，应按下列规定采用：

a. 承重墙梁的托梁顶面的荷载设计值，取托梁自重及本层楼盖的恒荷载和活荷载。

b. 承重墙梁的墙梁顶面的荷载设计值，取托梁以上各层墙体自重，以及墙梁顶面以上各层楼（屋）盖的恒荷载和活荷载；集中荷载可沿作用的跨度近似为均布荷载。

c. 自承重墙梁的墙梁顶面的荷载设计值，取托梁自重及托梁以上墙体自重。

② 施工阶段托梁上的荷载，应按下列规定采用：

a. 托梁自重及本层楼盖的恒荷载。

b. 本层楼盖的施工荷载。

c. 墙体自重，可取高度为 $l_{0\max}/3$ 的墙体重量（$l_{0\max}$ 为各计算跨度的最大值），开洞时尚应按洞顶以下实际分布的墙体自重复核。

6.3.2.4　墙梁的计算要点

墙梁应分别进行托梁使用阶段正截面承载力和斜截面受剪承载力计算，墙体受剪承载力和托梁支座上部砌体局部受压承载力计算，以及施工阶段托梁承载力验算。自承重墙梁可不验算墙体受剪承载力和砌体局部受压承载力。

（1）托梁的正截面承载力计算

① 托梁跨中截面应按混凝土偏心受拉构件计算，第 i 跨跨中最大弯矩设计值 $M_{\mathrm{b}i}$ 及轴向拉力 $N_{\mathrm{bt}i}$ 可按下列公式计算：

$$M_{\mathrm{b}i} = M_{1i} + \alpha_{\mathrm{M}} M_{2i} \tag{6-5}$$

$$N_{\mathrm{bt}i} = \eta_{\mathrm{N}} \frac{M_{2i}}{H_0} \tag{6-6}$$

当为简支墙梁时：

$$\alpha_M = \psi_M\left(1.7\frac{h_b}{l_0} - 0.03\right) \tag{6-7}$$

$$\psi_M = 4.5 - 10\frac{a}{l_0} \tag{6-8}$$

$$\eta_N = 0.44 + 2.1\frac{h_w}{l_0} \tag{6-9}$$

当连续墙梁和框支墙梁时：

$$\alpha_M = \psi_M\left(2.7\frac{h_b}{l_{0i}} - 0.08\right) \tag{6-10}$$

$$\psi_M = 3.8 - 8.0\frac{a}{l_{0i}} \tag{6-11}$$

$$\eta_N = 0.8 + 2.6\frac{h_w}{l_{0i}} \tag{6-12}$$

式中　M_{1i}——荷载设计值 Q_1、F_1 作用下的简支梁跨中弯矩或按连续梁、框架分析的托梁第 i 跨跨中最大弯矩；

　　　M_{2i}——荷载设计值 Q_2 作用下的简支梁跨中弯矩或按连续梁、框架分析的托梁第 i 跨中最大弯矩；

　　　α_M——考虑墙梁组合作用的托梁跨中弯矩系数，可按式(6-7)或式(6-10)计算，但对自承重简支墙梁应乘以 0.8，当式(6-7)中的 $\frac{h_b}{l_{0i}} > \frac{1}{6}$ 时，取 $\frac{h_b}{l_{0i}} = \frac{1}{6}$，当公式(6-10)中的 $\frac{h_b}{l_{0i}} > \frac{1}{7}$ 时，取 $\frac{h_b}{l_{0i}} = \frac{1}{7}$，当 $\alpha_M > 1.0$ 时，取 $\alpha_M = 1.0$；

　　　η_N——考虑墙梁组合作用的托梁跨中轴力系数，可按式(6-9)或式(6-12)计算，但对自承重简支墙梁应乘以 0.8，当 $\frac{h_w}{l_{0i}} > 1$ 时，取 $\frac{h_w}{l_{0i}} = 1$；

　　　ψ_M——洞口对托梁跨中截面弯矩的影响系数，对无洞口墙梁取 1.0，对有洞口墙梁可按式(6-8)或式(6-11)计算；

　　　a_i——洞口边缘至墙梁最近支座中心的距离，当 $a_i > 0.35l_{0i}$ 时，取 $a_i = 0.35l_{0i}$。

② 托梁支座截面应按混凝土受弯构件计算，第 j 支座的弯矩设计值 M_{bj} 可按下列公式计算：

$$M_{bj} = M_{1j} + \alpha_M M_{2j} \tag{6-13}$$

$$\alpha_M = 0.75 - \frac{a}{l_{0i}} \tag{6-14}$$

式中　M_{1j}——荷载设计值 Q_1、F_1 作用下按连续梁或框架分析的托梁第 j 支座截面的弯矩设计值；

　　　M_{2j}——荷载设计值 Q_2 作用下按连续梁或框架分析的托梁第 j 支座截面的弯矩设计值；

　　　α_M——考虑墙梁组合作用的托梁支座截面弯矩系数，无洞口墙梁取 0.4，有洞口墙梁可按式(6-14) 计算。

(2) 托梁斜截面受剪承载力计算

墙梁的托梁斜截面受剪承载力应按混凝土受弯构件计算,第 j 支座边缘截面的剪力设计值 V_{bj} 可按下式计算:

$$V_{bj}=V_{1j}+\beta_V V_{2j} \tag{6-15}$$

式中　V_{1j}——荷载设计值 Q_1、F_1 作用下按简支梁、连续梁或框架分析的托梁第 j 支座边缘截面剪力设计值;

　　　V_{2j}——荷载设计值 Q_2 作用下按简支梁、连续梁或框架分析的托梁第 j 支座边缘截面剪力设计值;

　　　β_V——考虑墙梁组合作用的托梁剪力系数,无洞口墙梁边支座截面取 0.6,中间支座截面取 0.7,有洞口墙梁边支座截面取 0.7,中间支座截面取 0.8,对自承重墙梁,无洞口时取 0.45,有洞口时取 0.5。

(3) 墙体受剪承载力计算

墙梁的墙体受剪承载力,应按式(6-16) 计算,当墙体支座处墙体中设置上、下贯通的落地混凝土构造柱,且其截面不小于 240mm×240mm 时,可不验算墙梁的墙体受剪承载力。

$$V_2 \leqslant \xi_1 \xi_2 (0.2+\frac{h_b}{l_{0i}}+\frac{h_t}{l_{0i}})fhh_w \tag{6-16}$$

式中　V_2——在荷载设计值 Q_2 作用下墙梁支座边缘截面剪力的最大值;

　　　ξ_1——翼墙影响系数,对单层墙梁取 1.0,对多层墙梁,当 $\frac{b_f}{h}=3$ 时取 1.3,当 $\frac{b_f}{h}=7$ 时取 1.5,当 $3<\frac{b_f}{h}<7$ 时,按线性插入取值;

　　　ξ_2——洞口影响系数,无洞口墙梁取 1.0,单层有洞口墙梁取 0.6,多层有洞口墙梁取 0.9;

　　　h_t——墙梁顶面圈梁截面高度。

(4) 托梁支座上部砌体局部受压承载力计算

托梁支座上部砌体局部受压承载力应按式(6-17) 计算,当墙体支座处墙体中设置上、下贯通的落地混凝土构造柱,且其截面不小于 240mm×240mm 时,或当 $\frac{b_f}{h}$ 大于等于 5 时,可不验算托梁支座上部砌体局部受压承载力。

$$Q_2 \leqslant \zeta h f \tag{6-17}$$

$$\zeta=0.25+0.08\frac{b_f}{h} \tag{6-18}$$

式中　ζ——局压系数。

(5) 施工阶段托梁承载力验算

托梁应按混凝土受弯构件进行施工阶段的受弯、受剪承载力计算,作用在托梁上的荷载可按本节的相关规定采用。这是由于在施工阶段，墙体与托梁尚未形成组合构件，不能共同工作，因此，不能按墙梁分析方法计算托梁，应按单独受力的混凝土受弯构件进行计算。

6.3.3 墙梁的构造要求

由于墙梁属于组合结构，为使托梁与砌体保持良好的组合工作状态，墙梁除满足表 6-1 的规定和承载力验算外，还应满足下列构造要求：

（1）材料

① 托梁和框支柱的混凝土强度等级不应低于 C30；

② 承重墙梁的块体强度等级不应低于 MU10，计算高度范围内墙体的砂浆强度等级不应低于 M10（Mb10）。

（2）墙体

① 框支墙梁的上部砌体房屋以及设有承重的简支墙梁或连续墙梁的房屋，应满足刚性方案房屋的要求。

② 墙梁计算高度范围内的墙体厚度，对砖砌体不应不小于 240mm，对混凝土砌块砌体不应小于 190mm。

③ 墙梁洞口上方应设置混凝土过梁，其支承长度不宜小于 240mm，洞口范围内不应施加集中荷载。

④ 承重墙梁的支座处应设置落地翼墙，翼墙厚度，对砖砌体不应小于 240mm，对混凝土砌块砌体不应小于 190mm，翼墙宽度不应小于墙梁墙体厚度的 3 倍，并与墙梁墙体同时砌筑。当不能设置翼墙时，应设置落地且上、下贯通的混凝土构造柱。

⑤ 当墙梁墙体在靠近支座 1/3 跨度范围内开洞时，支座处应设置落地且上、下贯通的混凝土构造柱，并应与每层圈梁连接。

⑥ 墙梁计算高度范围内的墙体，每天可砌高度不应超过 1.5m，否则，应加设临时支承。

（3）托梁

① 托梁两侧各两个开间的楼盖应采用现浇混凝土楼盖，楼板厚度不应小于 120mm；当楼板厚度大于 150mm 时，宜采用双层双向钢筋网；楼板上应少开洞，洞口尺寸大于 800mm 时应设洞口边梁。

② 托梁每跨底部的纵向受力钢筋应通长设置，不应在跨中段弯起或截断；钢筋连接应采用机械连接或焊接。

③ 托梁跨中截面纵向受力钢筋总配筋率不应小于 0.6%。

④ 托梁上部通长布置的纵向钢筋面积与跨中下部纵向钢筋面积之比值不应小于 0.4；连接墙梁或多跨框支墙梁的托梁中支座上部附加纵向钢筋从支座边缘算起每边延伸不少于 $l_0/4$。

⑤ 承重墙梁的托梁在砌体墙、柱上的支承长度不应小于 350mm；纵向受力钢筋伸入支座的长度应符合受拉钢筋的锚固要求。

⑥ 当托梁截面高度 h_b 大于等于 450mm 时，应沿梁截面高度设置通长水平腰筋，直径不应小于 12mm，间距不应大于 200mm。

⑦ 对洞口偏置的墙梁，其托梁的箍筋加密区范围应延到洞口外，距洞边的距离大于等于托梁截面高度 h_b（见图 6-7），箍筋直径不宜小于 8mm，间距不应大于 100mm。

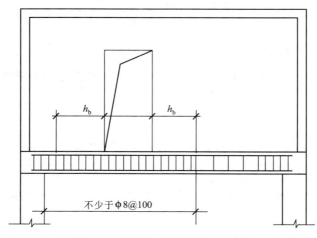

图 6-7　偏开洞时托梁箍筋加密区

6.4　挑梁

在砌体结构房屋中，一端埋入墙内，另一端悬挑在墙外，以承受外走廊、阳台或雨篷等传来荷载的钢筋混凝土梁，称为挑梁。

6.4.1　挑梁的破坏形态

由试验及理论分析表明，挑梁在悬挑部分承受的荷载作用下，将经历弹性、界面水平裂缝发展及破坏三个受力阶段。挑梁的悬挑部分在未受荷载作用之前，埋入部分和砌体一样承受着上部砌体传来的荷载，在其埋入部分的上下界面存在着初始压应力。当挑梁的悬挑端受外荷载作用之后，埋入端将产生弯曲变形。由于这种变形受到上下砌体的约束，使挑梁的上下界面产生如图 6-8(a) 所示的应力分布。此时，挑梁尚处于弹性阶段。当挑梁与砌体的上界面墙边竖向拉应力超过砌体沿通缝截面的抗拉强度时，将出现水平裂缝①［图 6-8(b)］，随着荷载的增大，水平裂缝不断向内发展。随后在挑梁埋入端下界面尾部出现水平裂缝②，并随荷载的增大逐步向墙边发展，挑梁有向上翘的趋势。随后在挑梁埋入端尾部上角出现阶梯形裂缝③，与竖向轴线的夹角约 57°。水平裂缝②的发展使挑梁下砌体受压区不断减少，有时会出现局部受压裂缝④。

挑梁最后可能发生下述三种破坏形态：

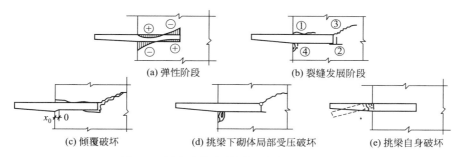

图 6-8　埋在砌体中挑梁的受力和破坏形态

① 倾覆破坏　当砌体强度较高，挑梁埋入墙内长度较短时，随荷载的增加，在出现斜裂缝③后，斜裂缝即很快向后延伸，并有可能贯穿全墙。此时斜裂缝以内的墙体，以及这个范围内的其他抗倾覆荷载已不能有效地抵抗挑梁的倾覆，挑梁即发生倾覆破坏，见图 6-8(c)。

② 挑梁下砌体局部受压破坏　当砌体的抗压强度较低或挑梁埋入长度较长时，斜裂缝③的发展比较缓慢，由于水平裂缝②的发展，挑梁下砌体受压区段逐渐减少，压应力不断增大，可能导致挑梁下砌体局部受压破坏，见图 6-8(d)。

③ 挑梁自身破坏　若挑梁自身承载力不足，将发生受弯、受剪破坏。也有可能因挑梁端部变形过大影响正常使用，见图 6-8(e)。

6.4.2　挑梁的计算

根据埋入砌体中钢筋混凝土挑梁的受力特点和破坏形态，挑梁应进行抗倾覆验算、挑梁下砌体局部受压承载力验算和挑梁自身承载力验算。

（1）挑梁的抗倾覆验算

挑梁发生倾覆破坏的计算简图如图 6-9 所示，图中 o 点为挑梁丧失稳定时的计算倾覆点。《砌体结构设计规范》（GB 50003—2011）规定，砌体墙中钢筋混凝土挑梁的抗倾覆应按下式进行验算：

$$M_{ov} \leqslant M_r \tag{6-19}$$

式中　M_{ov}——挑梁的荷载设计值对计算倾覆点产生的倾覆力矩；

M_r——挑梁的抗倾覆力矩设计值。

挑梁计算倾覆点 o 至墙外边缘的距离 x_o，可按下列规定采用：

当 $l_1 \geqslant 2.2h_b$ 时，取 $x_o = 0.3h_b$，且 $x_o \leqslant 0.13l_1$；

当 $l_1 < 2.2h_b$ 时，取 $x_o = 0.3l_1$。

其中 l_1 为挑梁埋入砌体墙中的长度，h_b

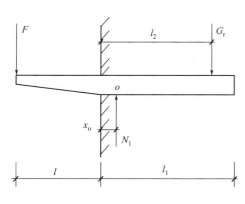

图 6-9　挑梁抗倾覆计算简图

为挑梁的截面高度。

当挑梁下有构造柱或垫梁时，考虑到对抗倾覆的有利作用，计算倾覆点至墙外边缘的距离可取 $0.5x_o$。挑梁的抗倾覆力矩设计值，可按下式计算：

$$M_r = 0.8G_r(l_2 - x_o) \tag{6-20}$$

式中 G_r —— 挑梁的抗倾覆荷载，为挑梁尾部上部 45° 扩散角的阴影范围（其水平长度为 l_3）内本层的砌体与楼面恒荷载标准值之和（图 6-10），当上部楼层无挑梁时，抗倾覆荷载中可计及上部楼层的楼面永久荷载；

        l_2 —— G_r 作用点至墙外边缘的距离。

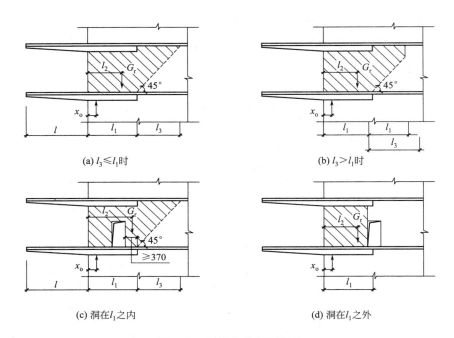

(a) $l_3 \leqslant l_1$ 时   (b) $l_3 > l_1$ 时

(c) 洞在 l_1 之内   (d) 洞在 l_1 之外

图 6-10   挑梁的抗倾覆荷载

雨篷等悬挑构件的抗倾覆验算仍按挑梁的计算公式进行计算。但其抗倾覆荷载 G_r 可按图 6-11 采用，G_r 距墙外边缘的距离为墙厚的 $1/2$，l_3 为门窗洞口净跨的 $1/2$。

（2）挑梁下砌体局部受压承载力验算

挑梁下砌体的局部受压承载力，可按下式验算：

$$N_l \leqslant \eta \gamma f A_l \tag{6-21}$$

式中 N_l —— 挑梁下的支承压力，可取 $N_l = 2R$，R 为挑梁的倾覆荷载设计值；

        η —— 梁端底面压应力图形的完整系数，可取 0.7；

        γ —— 砌体局部抗压强度提高系数，对图 6-12(a) 可取 1.25，对图 6-12(b) 可取 1.5；

        f —— 砌体的抗压强度设计值；

       A_l —— 挑梁下砌体局部受压面积，可取 $A_l = 1.2bh_b$，b 为挑梁截面宽度，h_b 为挑梁的截面高度。

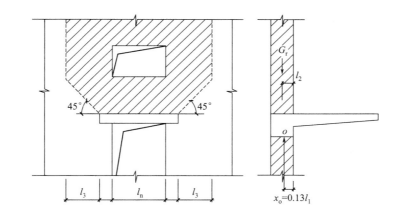

图 6-11　雨篷的抗倾覆荷载

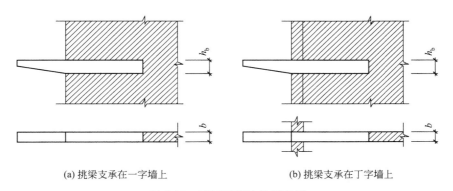

(a) 挑梁支承在一字墙上　　　　　　　(b) 挑梁支承在丁字墙上

图 6-12　挑梁下砌体局部受压

（3）挑梁自身承载力验算

挑梁自身受弯、受剪承载力计算与一般钢筋混凝土梁相同。由于挑梁的倾覆点不在墙体的边缘而在离边缘 x_o 处，因此，挑梁的最大弯矩设计值 M_{max} 与最大剪力设计值 V_{max}，可按下列公式计算：

$$M_{max} = M_o \tag{6-22}$$

$$V_{max} = V_o \tag{6-23}$$

式中　M_o——挑梁的荷载设计值对计算倾覆点截面产生的弯矩；

　　　V_o——挑梁的荷载设计值在挑梁墙外边缘处截面产生的剪力。

6.4.3　挑梁的构造要求

挑梁的设计除应符合《混凝土结构设计规范（2015 年版）》（GB 50010—2010）的有关规定外，尚应满足下列构造要求：

① 纵向受力钢筋至少应有 1/2 的钢筋面积伸入梁尾端，且不少于 2 φ 12。其余钢筋伸入支座的长度不应小于 $2l_1/3$。

② 挑梁埋入砌体长度 l_1 与挑出长度 l 之比宜大于 1.2；当挑梁上无砌体时，l_1 与 l 之比宜大于 2。

→ 例 6-3

某办公楼临街阳台，尺寸如图 6-13 所示，阳台板下挑梁截面 $b \times h_b = 240\text{mm} \times 400\text{mm}$，挑梁下砌体采用 MU10 普通烧结砖，M2.5 混合砂浆砌筑。试验算顶层楼面处挑梁的抗倾覆及挑梁下砌体局部受压承载力。

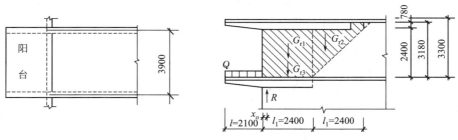

图 6-13　挑梁平面图及剖面图

阳台荷载资料（荷载标准值）如下：

屋面恒载：　　　　　4.29kN/m^2

楼面恒载：　　　　　2.99kN/m^2

阳台板恒载：　　　　2.7kN/m^2

240 墙双面粉刷：　　5.24kN/m^2

阳台活载：　　　　　3.50kN/m^2

[解]　（1）挑梁抗倾覆验算

①计算挑梁倾覆点至墙外边缘的距离 x_o

由于 $l_1 = 2.4(\text{m}) > 2.2h_b = 2.2 \times 0.4 = 0.88(\text{m})$

取 $x_o = 0.3h_b = 0.3 \times 0.4 = 0.12(\text{m}) < 0.13l_1 = 0.312(\text{m})$

②计算倾覆力矩 M_{ov}

挑梁自重：$1.3 \times 0.24 \times 0.4 \times 25 = 3.12(\text{kN/m})$

阳台板传来荷载：$(1.3 \times 2.7 + 1.5 \times 3.5) \times \dfrac{3.9}{2} = 17.08(\text{kN/m})$

倾覆荷载 Q：$Q = 3.12 + 17.08 = 20.20(\text{kN/m})$

$$M_{ov} = Ql\left(\frac{l}{2} + x_o\right) = 20.20 \times 2.1 \times \left(\frac{2.1}{2} + 0.12\right) = 49.63(\text{kN} \cdot \text{m})$$

③ 计算抗倾覆力矩 M_r

计算抗倾覆荷载 G_r（G_r 仅考虑本层墙体和楼面恒荷载）：

墙体荷载：　　　　　$G_{r1} = 2.4 \times 2.4 \times 5.24 = 30.18(\text{kN})$

$$G_{r2} = \frac{1}{2} \times 2.4 \times 2.4 \times 5.24 = 15.09(\text{kN})$$

楼面恒载：　　　　　$G_{r3} = 2.99 \times 2.4 \times \dfrac{3.9}{2} = 13.99(\text{kN})$

　　$M_r = 0.8G_r(l_2 - x_o)$

$$=0.8\left[30.18\left(\frac{2.4}{2}-0.12\right)+15.09\left(2.4+\frac{2.4}{3}-0.12\right)+13.99\left(\frac{2.4}{2}-0.12\right)\right]$$

$$=75.34(\mathrm{kN\cdot m})$$

④ 抗倾覆验算

$M_{\mathrm{r}}=75.34\mathrm{kN\cdot m}>M_{\mathrm{ov}}=49.63\mathrm{kN\cdot m}$，抗倾覆满足要求。

（2）挑梁下砌体局部受压验算

局部承压力：　　　　　$N_1=2R=2\times20.02\times2.1=84.08(\mathrm{kN})$

局部承压面积：　　$A_1=1.2bh_{\mathrm{b}}=1.2\times240\times400=115200(\mathrm{mm}^2)$

$$\eta=0.7,\ \gamma=1.5,\ f=1.30\mathrm{MPa}$$

$\eta\gamma fA_1=0.7\times1.5\times1.3\times115200=157.25(\mathrm{kN})>N_1=84.08(\mathrm{kN})$，满足要求。

➡ 例 6-4

某钢筋混凝土雨篷，尺寸如图 6-14 所示，采用 MU15 烧结普通砖和 M5 混合砂浆砌筑。外墙厚 240mm（双面抹灰，自重为 $5.24\mathrm{kN/m}^2$）。雨篷板自重（包括粉刷）为 5kN/m，悬臂端集中检修荷载按 1kN/m 计，楼盖传给雨篷梁的恒荷载标准值 $g_{\mathrm{k}}=8\mathrm{kN/m}$。试对该雨篷进行抗倾覆验算。

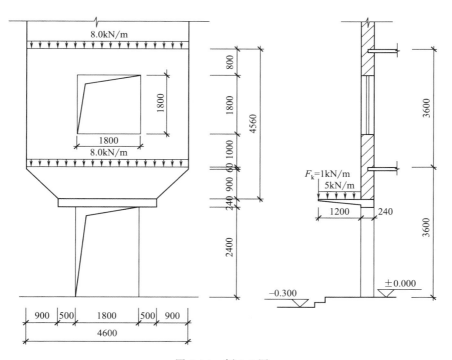

图 6-14　例 6-4 图

[**解**]　（1）计算倾覆点距墙外边缘的距离 x_0。

由于 $l_1=0.24(\mathrm{m})<2.2h_{\mathrm{b}}=2.2\times0.24=0.528(\mathrm{m})$

取 $x_0=0.13l_1=0.13\times0.24=0.0312(\mathrm{m})$

（2）计算倾覆力矩

$$M_{ov}=1.3\times5\times1.2(\frac{1.2}{2}+0.0312)+1.5\times1\times(1.2+0.0312)\times2.8$$

$$=10.09(kN\cdot m)$$

（3）计算抗倾覆力矩

$$M_{r}=0.8\times\left[(4.56\times4.6-1.8\times1.8-0.9\times0.9)\times5.24\times\left(\frac{0.24}{2}-0.0312\right)\right.$$

$$\left.+(8\times4.6+0.24\times0.24\times25\times4.6)\left(\frac{0.24}{2}-0.0312\right)\right]$$

$$=9.39(kN\cdot m)$$

$M_{r}=9.39kN\cdot m<M_{ov}=10.09kN\cdot m$，故抗倾覆不满足要求。

本章小结

6.1　常用的过梁类型有砖砌过梁和钢筋混凝土过梁。砖砌过梁仅适用于跨度较小、无振动、地基均匀及无抗震设防要求的建筑物，否则应采用钢筋混凝土过梁。

6.2　由于过梁上墙体的内拱作用，使梁上部分荷载直接传给支座，因此过梁上荷载并不像一般梁那样全部由过梁承受。过梁上墙体和梁板荷载取值应按《规范》规定采用。

6.3　砖砌平拱、钢筋砖过梁承载力按一般简支梁进行计算。对于砖砌平拱过梁，考虑支座水平推力作用，还应对墙体端部窗间墙水平灰缝进行受剪承载力计算。钢筋混凝土过梁受弯、受剪承载力计算同一般钢筋混凝土受弯构件。钢筋混凝土过梁进行梁端支承处砌体局部受压承载力计算时，可不考虑上部荷载的影响。

6.4　无洞口墙梁可视为一个带拉杆拱的受力机构；偏开洞口墙梁可视为梁-拱组合的受力机构，而且这种受力格局从墙梁受力开始至破坏，也不会发生实质性变化。

6.5　墙梁的破坏形态主要有：由于托梁下部和上部受拉钢筋屈服而发生的弯曲破坏；由于墙体承载力不足而发生的剪切破坏，若托梁混凝土强度较低时，也可能发生托梁的剪切破坏；由于砌体局部受压承载力不足而发生的局部受压破坏。

6.6　墙梁应分别进行托梁使用阶段正截面承载力和斜截面受剪承载力计算、墙体受剪承载力和托梁支座上部砌体局部受压承载力计算，以及施工阶段托梁承载力验算。自承重墙梁可不验算墙体受剪承载力和砌体局部受压承载力。

6.7　挑梁的受力过程可分为弹性、界面水平裂缝发展和破坏三个受力阶段。挑梁的破坏形态有倾覆破坏、挑梁下砌体局部受压破坏和挑梁自身的破坏。为此，对挑梁应进行抗倾覆验算、挑梁下砌体局部受压验算和挑梁自身承载力验算。此外，挑梁的配筋及埋入砌体内的长度还应符合有关构造要求。

思考题

6.1　常用的过梁类型有哪几种？各适用于什么情况？

6.2 如何确定过梁上的荷载?

6.3 圈梁的作用有哪些?圈梁有哪些构造要求?

6.4 墙梁的破坏形态主要有哪几种?它们分别是在什么情况下发生的?

6.5 墙梁使用阶段和施工阶段承载力计算时,荷载分别如何取值?

6.6 简述墙梁的计算要点。

6.7 挑梁的破坏形态有哪几种?挑梁的承载力计算内容包括哪几方面?

6.8 挑梁的构造要求有哪些?

6.9 挑梁的倾覆点和抗倾覆荷载分别如何确定?

6.10 雨篷的倾覆点和抗倾覆荷载是如何考虑的?

习 题

6.1 已知某墙体的窗洞口宽 1.2m,采用 MU10 砖和 M5 混合砂浆砌筑,墙厚 240mm(墙体自重为 5.24kN/m²)。在离窗顶 900mm 处,作用有楼板传来的均布荷载,其设计值为 10kN/m。试设计此钢筋砖过梁。

6.2 已知钢筋混凝土过梁净跨 $l_n = 2.4$m,过梁上墙体高 1.2m,墙体采用 MU10 烧结普通砖和 M5 混合砂浆砌筑,墙厚 240mm(墙体自重为 5.24kN/m²)。墙体顶部作用有板传来的均布荷载,其设计值为 10kN/m。过梁在墙体上的支承长度为 240mm,试设计此钢筋混凝土过梁。

6.3 已知钢筋砖过梁净跨 $l_n = 1.5$m,墙厚 180mm,采用 MU10 烧结普通砖和 M2.5 混合砂浆砌筑,钢筋砖过梁配筋 2Φ6,求该过梁所能承受的允许均布荷载。

6.4 某钢筋混凝土挑梁埋置于 T 形截面墙段,如图 6-15 所示。挑梁采用 C20 混凝土,截面尺寸 $b \times h_b = 240$mm×300mm。挑梁上、下墙厚均为 240mm,采用 MU15 烧结普通砖、M5 混合砂浆砌筑。楼板传给挑梁荷载标准值:$F_k = 5.0$kN,$g_{1k} = 12$kN/m,$q_{1k} = 8.0$kN/m,$g_{2k} = 10$kN/m。挑梁自重为 1.35kN/m,240mm 厚墙体自重为 5.24kN/m²。试设计该挑梁。

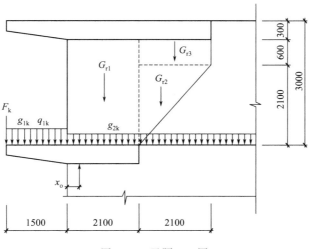

图 6-15 习题 6.4 图

参 考 文 献

[1] GB 50003—2011. 砌体结构设计规范.

[2] GB 50068—2018. 建筑结构可靠性设计统一标准.

[3] GB 50009—2012. 建筑结构荷载规范.

[4] GB 50010—2011. 混凝土结构设计规范（2015 年版）.

[5] GB 50203—2011. 砌体结构工程施工质量验收规范.

[6] 蔡丽明，田晓蓉，董迎娜. 砌体结构. 西安：西安交通大学出版社，2013.

[7] 张保善. 砌体结构. 2 版. 北京：化学工业出版社，2013.

[8] 刘立新. 砌体结构. 4 版. 武汉：武汉理工大学出版社，2012.

[9] 唐岱新. 砌体结构. 3 版. 北京：高等教育出版社，2013.

[10] 安静波. 砌体结构. 北京：中国电力出版社，2011.

[11] 熊辉霞. 砌体结构. 郑州：黄河水利出版社，2010.

[12] 徐占发. 砌体结构. 北京：中国建材工业出版社，2010.

[13] 建筑地基基础设计规划. GB 50007—2011.